Mice and Rats in Japan

日本のネズミ

多様性と進化

本川雅治――編

Their Diversity and Evolution

東京大学出版会

Mice and Rats in Japan : Their Diversity and Evolution
Masaharu MOTOKAWA, Editor
University of Tokyo Press, 2016
ISBN 978-4-13-060231-0

はじめに

　齧歯類に含まれるネズミ類は，哺乳類のなかで最大の分類群である．また全世界に多様な種が分布している．日本では科学的研究としてはシーボルトが集めた標本をもとにした研究から始まり，現在までネズミ研究はつねに哺乳類学の重要な一端を担ってきた．

　日本に生息するネズミ類はおそらく日本列島が形成されたころから，そして新しいものは人類の移動にともない日本にやってきたと考えられている．歴史の古いものから新しいものまで，そしてすでに絶滅してしまったものまで多様な種が変遷してきた舞台が日本である．

　古くから日本でネズミはヒトにとって身近な存在であっただろう．弥生時代の登呂遺跡の高床式倉庫には「ねずみ返し」がつけられていたことはよく知られている．ネズミの繁殖力が高いことに関連して「鼠算」という言葉もつくられた．江戸時代にはネズミ類が愛玩動物として飼育されていたことも知られている．日本人にとってネズミ類は長い歴史において良い，悪い双方のイメージをもつとともに，日本人がネズミ類についての一定の知識をもっていたことがうかがえる．

　そうした日本人にとって身近な存在のネズミ類であるが，近代科学としての研究は動物学の黎明期に始まり，現在では分類学，系統学，遺伝学，系統地理学，形態学，生態学，個体群生態学，行動学，古生物学，医動物学，実験動物学などのさまざまな研究分野で野生ネズミ類が研究対象とされている．このように多くの研究が行われている一方で，日本のネズミに関する研究成果をまとめた書はほとんどない．

　そこで，本書では日本でネズミ類の研究を精力的に行っている研究者に，最新の成果を含むそれぞれの研究テーマを紹介する各章を執筆してもらった．

　序章では，日本のネズミについて種多様性と研究史をまとめた．日本には10属22種のネズミ類が分布しており，それらを紹介したうえで，19世紀初

めに収集されたシーボルト標本の研究から，現在までの日本のネズミ研究の歴史について概説する．

第Ⅰ部では進化をテーマとし，4つの章が含まれる．

第1章では日本のネズミの起源について，分子系統学にもとづく最新の研究知見を含めて紹介する．近年の DNA 塩基配列にもとづく分子系統学や系統地理学により，ネズミ類がたどった進化に関する知見が大きく変わってきた．この章ではとくに日本に分布するネズミ類が齧歯類のなかでどのような系統学的位置づけをもつのかを示し，また日本列島に分布するネズミ類の系統関係や系統進化について考察する．

第2章ではネズミの化石研究をもとに日本産ネズミ類の進化についての最新の研究知見を紹介する．分析手法の改良と精力的な調査により，近年ネズミ類の化石をもとにした古生物学の知見が大きく進展している．また，化石には現在は分布していない絶滅種のネズミ類も含まれている．ここでは日本列島と琉球列島においてネズミ類が第四紀にどのように分布し，進化したのかを考察する．

第3章ではアカネズミの形態的多様性について，個体変異と地理的変異に注目した最新の研究知見を紹介する．アカネズミは離島も含めて日本列島にもっとも広く分布する普通種のネズミである．外部形態や頭骨形態において，1つの個体群のなかでどのような個体変異がみられるのかがわかってきた．また，アカネズミは本州における染色体多型や島嶼個体群の分化から，その種分類や地理的変異についても解明が求められている．これについても幾何学的形態測定法を用いた最新の研究成果をもとに考察する．

第4章ではアカネズミの集団と進化について，遺伝子を用いた最新の研究知見を含めて紹介する．前章でも示されるように，アカネズミは個体変異や地理的変異において謎の多いネズミである．染色体多型や島嶼個体群の分化について広い分布域のサンプルにもとづく遺伝子変異をもとにした系統地理学的解析とそこからみえてきたアカネズミの進化史，および伊豆諸島にみられる毛色多型と遺伝子変異の関連とその進化メカニズムについて考察する．

第Ⅰ部の4つの章を通じて，日本のネズミ類の進化や多様性を知ってもらうとともに，日本列島に広く分布するアカネズミの形態・遺伝子にみられる地理的変異の実態とそれを形成した日本列島内での進化史の謎解きを楽しん

でもらいたい．

　第II部は生態・生活史をテーマとし，4つの章が含まれる．
　第5章ではアカネズミの採餌行動について，アカネズミとコナラ堅果のかかわりについての最新の研究知見を紹介する．アカネズミが餌とするコナラ堅果には大きさやタンニン含有量にばらつきがみられる．タンニン含有量を非破壊で測定する新しい研究手法を用いながら，みごとにデザインされた野外調査にもとづき，アカネズミのそうしたばらつきへの対応が解明された．また，ここでは動物植物相互作用についても考察する．
　第6章ではアカネズミの社会行動について，最新の研究成果を含めて紹介する．雄に比べて，これまであまり注目されてこなかった雌の分散の可塑性について解明が行われた．長期にわたる野外調査によって可能になった研究であり，そこでは研究上のさまざまな工夫がみられる．これまでに研究がほとんど行われていないネズミ類の母娘関係を解明し，分散の定義についても考察する．
　第7章ではアカネズミの飼育繁殖と生物学について，新しい研究資源の可能性を探る最新の研究成果を含めて紹介する．新しい研究資源として野生齧歯類が注目されるようになっており，日本産ネズミ類としてアカネズミの研究が進められている．飼育や繁殖コロニーの確立，生物学的基礎特性データの収集をみながら，アカネズミの新しい研究資源としての意義についても考察する．
　第8章では琉球列島のトゲネズミとケナガネズミについて，その生物学や保全に関する最新の研究成果を含めて紹介する．トゲネズミ3種とケナガネズミは琉球列島の奄美大島，徳之島，沖縄島だけに生息する天然記念物に指定されたネズミ類である．その生態や生活史はほとんど知られていなかったが，近年になって，多くの知見が蓄積され始めている．ここではそうした最新の琉球列島固有のネズミ類の自然史知見をみながら，それらの保全について考察を行う．
　第II部の4つの章では，精力的な野外調査や飼育繁殖，さらには新しい技術の導入によって日本のネズミ類の生態や生活史の知見が飛躍的に増えていることをみてほしい．また，これまでは平均値をもとにした研究や議論が

多かったが，ここでは個体間のばらつきや多様性も考慮した新たな発想にもとづく研究に注目していただきたい．

　第III部はヒトとネズミをテーマとし，2つの章が含まれる．
　第9章ではハツカネズミの起源と由来について遺伝子をもとにした最新の研究知見を紹介する．ハツカネズミは汎世界的に分布するが，その分布形成には先史時代からのヒトとのかかわりが影響している．遺伝子解析からみえてきた世界規模でのハツカネズミの進化史を示しながら，日本のハツカネズミの起源についても考察する．
　第10章では野ネズミが媒介するヒトの感染症について，最新の研究知見や動向も含めて紹介する．ネズミ類は人獣共通感染症の宿主として古くから注目されてきたが，近年の世界的なヒトの大規模な移動を背景にして，さらに分析技術が進歩したことによって，研究が飛躍的に進展した．日本でネズミが媒介する感染症についてその最新の研究成果と症例を示しながら，その対策についても考察する．
　第III部の2つの章では，ネズミ類のなかにはヒトと密接なかかわりをもち独自の進化を遂げた種がいること，そしてネズミとヒトの関係は農耕にみられるように文化や歴史，さらに人獣共通感染症といった関連分野との研究交流が進められることでより深い理解が進むということに注目していただきたい．

　これらの10章は若手研究者にも積極的に執筆を依頼することにより，最近研究が大きく発展している内容を中心に構成し，日本のネズミ研究の最新の知見を知ってもらうことを心がけた．したがって，本書では日本のネズミ研究を網羅的に紹介しているわけではないことに注意していただきながら，みなさんにネズミ研究のおもしろさが伝わることを期待している．

本川雅治

目　次

はじめに　i ··本川雅治

序　章　日本のネズミ――種多様性と研究史　1 ················本川雅治
　　　1　ネズミ類とはなにか　1
　　　2　日本のネズミ類の種多様性　3
　　　3　日本に分布するネズミ類　6
　　　4　日本におけるネズミ研究の幕開け　13
　　　5　戦後のネズミ研究の発展　16
　　　6　多様性を追究するネズミ研究　18

I　進　化

第1章　日本のネズミの起源――分子系統学的考察　25 ············佐藤　淳
　　　1.1　ネズミが多様化する進化過程　25
　　　1.2　日本のネズミの起源　27
　　　1.3　日本のネズミ類相の形成過程　34

第2章　日本のネズミ化石
　　　　――第四紀齧歯類の古生物学的研究　44 ···················西岡佑一郎
　　　2.1　本州，四国，九州の齧歯類化石　44
　　　2.2　四国で絶滅したハタネズミの謎　52
　　　2.3　琉球列島の齧歯類化石　55
　　　2.4　家ネズミの化石記録　59
　　　2.5　今後の化石研究に向けて　61

第3章　アカネズミの形態変異
　　　　──分断が生んだ地理的パターン　65………………新宅勇太
　　3.1　アカネズミの形態変異と分類　65
　　3.2　季節による成長の違い　68
　　3.3　外部形態の地理的変異──アカネズミと「島嶼ルール」　70
　　3.4　頭骨形態の地理的変異　74
　　3.5　アカネズミの形態の進化史　79
　　3.6　分布域の推定からみえる現在の分断　82
　　3.7　「島嶼ルール」と日本のネズミ　83

第4章　アカネズミの集団史と進化──遺伝子からの推定　87…友澤森彦
　　4.1　アカネズミの集団史　87
　　4.2　伊豆諸島におけるアカネズミの毛色多型　95

II　生態・生活史

第5章　アカネズミの採餌行動──植物個体内変異がつくりだす
　　　　ばらつきへの対応　111………………………………島田卓哉
　　5.1　餌のパッチ性と採餌戦略　111
　　5.2　植物個体内変異がつくりだす採餌パッチの変動性　113
　　5.3　アカネズミとコナラ　115
　　5.4　堅果を壊さずにタンニン含有率を調べる　117
　　5.5　コナラ種子形質の個体内変異　119
　　5.6　どんな木が採餌パッチとして好適か
　　　　──コナラ堅果の持ち去り実験　121
　　5.7　動物植物相互作用における植物個体内変異の重要性　125

第6章　アカネズミの社会行動
　　　　──雌の分散行動の可塑性　129………………………坂本信介
　　6.1　動物の移動と定着　129
　　6.2　分散研究の課題　131
　　6.3　アカネズミの分散研究　136
　　6.4　ネズミ類の分散研究の今後　147

第 7 章　実験動物としてのアカネズミ
　　　　——新しい研究資源としての可能性　151………………越本知大

7.1　実験動物の歴史——実験医学領域を中心に　151
7.2　実験動物の意義と限界　153
7.3　野生齧歯類の生物学研究資源としての活用　155
7.4　実験動物としての日本の *Apodemus*　159
7.5　*Apodemus* リソースの洗練　163

第 8 章　琉球列島のネズミ類
　　　　——トゲネズミとケナガネズミ　169………………城ヶ原貴通

8.1　トゲネズミ属　169
8.2　トゲネズミの生息情報　172
8.3　トゲネズミの食性　176
8.4　ケナガネズミ　176
8.5　ケナガネズミの生息情報　177
8.6　ケナガネズミの食性　180
8.7　琉球列島のネズミ類を取り巻く現状　180

III　ヒトとネズミ

第 9 章　ハツカネズミの歴史
　　　　——その起源と日本列島への渡来　187………………鈴木　仁

9.1　ハツカネズミ属の多様化の起源　187
9.2　ハツカネズミのホームランドにおける遺伝的分化　190
9.3　南方系統は列島経由でサハリンまで　194
9.4　北方系 MUS の先史時代の広域分散の歴史　198
9.5　日本列島における 2 つの系統の交わり　202
9.6　現代における外来種的移入　203
9.7　先人たちからの「遺産」　203

第 10 章　ネズミ類が媒介する感染症——人獣共通感染症からみた
　　　　ネズミとヒトのかかわり　207………………新井　智

10.1　ダニを介して感染する重要な疾患　207

10.2　ハンタウイルス　208
　　　10.3　リンパ球性脈絡髄膜炎　213
　　　10.4　野兎病　216
　　　10.5　鼠咬症　219
　　　10.6　エルシニア症　220
　　　10.7　クリプトスポリジウム症　221

終　章　これからのネズミ研究
　　　　　——多様性進化の統合的理解に向けて　227……………本川雅治

おわりに　233………………………………………………………本川雅治
事項索引　237
生物名索引　240
執筆者一覧　242

序章
日本のネズミ
種多様性と研究史

本川雅治

　ネズミは，子供から大人まで，実際に見たことがなくてもだれもが聞いたことのある動物であろう．分類学的に，ネズミが齧歯類（または嚙歯類）に位置づけられることもよく知られている．齧歯類は1対の大きな切歯をもち，それを巧みに使って食べものをかじる．それが齧歯類の名前の由来である．一方，齧歯類にはリス，ヤマネをはじめとする「ネズミ」でない多様な動物群も含まれ，一般的にネズミの境界は曖昧である．哺乳類学の分野では齧歯類のうち単系統群を形成するネズミ科とキヌゲネズミ科の2科をあわせてネズミ類とよぶことが多いので，本書ではそれにしたがう．なお，多様な齧歯類とネズミ類に含まれる2つの科に関する系統関係は第1章で紹介する．

　一般にネズミというとハツカネズミやドブネズミといった人家に生息する種を思い浮かべることが多いだろう．そして人間に対して感染症を媒介する「汚い」動物とみなされることも多い．この見方はネズミ類の一面を的確に示している．しかし同時に，森林や草地など人間の住み場所からは離れた環境にも多様なネズミ類が生息していることを知ってほしい．森林に生息するネズミも感染症と無縁ではないが，同時に種子散布，食物連鎖をはじめとして生態系での重要な役割を担っている．

1　ネズミ類とはなにか

　ネズミ類として知られるネズミ科（Muridae）とキヌゲネズミ科（Cricetidae）はそれぞれ150属730種，130属681種が含まれ，2つの科をあわせると280属1411種となる．これは齧歯目481属2277種の62%の種，哺乳

類全体1229属5416種の26%の種であり，ネズミ類はじつに多様な種をもつ動物群といえる（Wilson and Reeder, 2005）．ネズミ類のなかでハツカネズミ，ドブネズミ，クマネズミのように人間活動に強く依存した生息環境と生活史をもつようになったものは，ごく限られた種である．一方で，ネズミ類は世界中のさまざまな環境に進出していった．その結果，汎世界的に分布を拡大し，低地からヒマラヤのような標高5000 mを超える高山地帯までの，森林，草地，湿原，乾燥地といった多様な生息環境を利用している．ほかの地域からの隔離時間が長くてほかの真獣類が進出できず，単孔類や有袋類が残されたオーストラリア大陸でも，大陸形成後になんらかの手段でネズミ科ネズミ類が進入し，急速な適応放散による種分化を生じた．また，ネズミ類は海水準変動にともなう過去の陸橋形成の際に，あるいはなんらかの海を越えた移動により，大小さまざまな島嶼環境にも進出し，現在まで生息している．こうした分布拡大とその環境への適応を通して，ネズミ類が多様な種へと種分化を果たした．

このようにネズミ類は，進化の結果，哺乳類のなかでもっとも多様な系統や種の獲得に成功し，地球上のほぼ全域に分布拡大した希有な動物群といえる．しかし，その進化の背景については，まだよくわかっていない．新しい環境への適応を柔軟に遂げる能力をもっていること，小型であるために限られた生息環境や食料条件下でも生存が可能であること，出生から繁殖にいたるまでの期間が短いために個体群形成や世代交代が容易であったこと，環境条件が良好なときには個体数を急増させることができるとともにほかの地域への分散能力が高いことなどが，その背景にある有利な特徴としてあげられるに違いない．このような適応能力は，ネズミ類が同時に人間に対する病気媒介，食害による農林業への被害などを引き起こす害獣としての側面をもつこととも関係しているといえるだろう．

以上のようなことから，人間活動とのかかわりも含めて生物の多様性や進化を探るうえで，ネズミ類はじつに興味深い研究対象である．これまでに多くの研究者がネズミ類に着目し，さまざまな視点からその種多様性やその進化について研究を行ってきた．本書では日本に分布するネズミ類に着目して，研究の最前線をみていく．まず本章では，日本に分布するネズミ類と研究の歴史について紹介したい．

2 日本のネズミ類の種多様性

日本には移入種も含めて 10 属 22 種のネズミ類が分布している（表 1）．このうちネズミ科は 6 属 15 種，キヌゲネズミ科は 4 属 7 種である．全世界にいるネズミ科が 150 属 730 種，キヌゲネズミ科が 130 属 681 種であることと比べると，日本産は属・種のいずれについてもきわめて限られており，2 つの科をあわせて種数でみると世界に分布する 1.6% である．自然分布種だけだと 15 種となり，そのうち 9 種が日本の固有種である．種数は少ないが，60% と固有種の割合が比較的高いことが日本のネズミ類の特徴である．

日本での「ネズミ」という言葉に対して，英語では大型のネズミに使う「rat」，小型のネズミの「mouse」，眼球と耳介が小さく，尾が短縮したハタネズミやヤチネズミなどにあてる「vole」と少なくとも 3 つの単語が使い分けられている．分類学的には rat や mouse がネズミ科に含まれる種を示す一方，vole はキヌゲネズミ科に含まれる種に対して使われる．ちなみに実

表 1　日本に分布するネズミ類．

ハントウアカネズミ	*Apodemus peninsulae*（Thomas, 1907）
アカネズミ（日本固有種）	*Apodemus speciosus*（Temminck, 1844）
ヒメネズミ（日本固有種）	*Apodemus argenteus*（Temminck, 1844）
セスジネズミ	*Apodemus agrarius*（Pallas, 1771）
カヤネズミ	*Micromys minutus*（Pallas, 1771）
アマミトゲネズミ（日本固有種）	*Tokudaia osimensis*（Abe, 1933）
トクノシマトゲネズミ（日本固有種）	*Tokudaia tokunoshimensis* Endo and Tsuchiya, 2006
オキナワトゲネズミ（日本固有種）	*Tokudaia muenninki*（Johnson, 1946）
ケナガネズミ（日本固有種）	*Diplothrix legata*（Thomas, 1906）
ドブネズミ（移入種）	*Rattus norvegicus*（Berkenhout, 1769）
クマネズミ（移入種）	*Rattus tanezumi* Temminck, 1844
ヨーロッパクマネズミ（移入種）	*Rattus rattus*（Linnaeus, 1758）
ポリネシアネズミ（移入種）	*Rattus exulans*（Peale, 1848）
ハツカネズミ（移入種）	*Mus musculus* Linnaeus, 1758
オキナワハツカネズミ（移入種?）	*Mus caroli* Bonhote, 1902
タイリクヤチネズミ	*Myodes rufocanus*（Sundevall, 1846）
ムクゲネズミ	*Myodes rex*（Imaizumi, 1971）
ヒメヤチネズミ	*Myodes rutilus*（Pallas, 1779）
ヤチネズミ（日本固有種）	*Eothenomys andersoni*（Thomas, 1905）
スミスネズミ（日本固有種）	*Eothenomys smithii*（Thomas, 1905）
ハタネズミ（日本固有種）	*Microtus montebelli*（Milne-Edwards, 1872）
マスクラット（移入種）	*Ondatra zibethicus*（Linnaeus, 1766）

図1 日本産ネズミ類の分布において代表的な島嶼．それぞれの島嶼に分布するネズミ類は表2に示した．

験動物として使われるラットとマウスは，それぞれがドブネズミ，ハツカネズミから長い世代の飼育下での交配を重ねて実験動物化されたものである．野生ネズミ類の研究においては，これら2種だけでなくネズミ科の多くの種に対してrat，あるいはmouseという言葉が使われている．

　日本に自然分布するネズミ類の分布に着目すると，琉球列島と日本列島の大きく2つの地域に分けられる（図1）．ネズミ類だけでなく多くの陸上動物において，両地域間で異なる種が分布している．その境界とされてきたのが琉球列島トカラ諸島の悪石島と小宝島の間に位置するトカラ構造海峡であり，両地域を長期間隔離してきたと考えられている（本川，2008）．この生物分布の境界線は昭和初期から着目され，当時の東京帝国大学教授であった

渡瀬庄三郎にちなんで「渡瀬線」とよばれることもある（黒田，1931）．ネズミ類では，琉球列島には第8章で紹介されるトゲネズミ属3種とケナガネズミが奄美諸島と沖縄諸島が含まれる中部琉球列島に，セスジネズミが尖閣諸島に分布する．一方，渡瀬線よりも北側の日本列島に分布する種については，さらに北海道と本州の間でも異なる種がみられる．ハントウアカネズミ，タイリクヤチネズミ，ムクゲネズミ，ヒメヤチネズミが日本では北海道だけに分布するのに対して，カヤネズミ，ヤチネズミ，スミスネズミ，ハタネズミは本州以南に分布する．アカネズミとヒメネズミだけが北海道と本州以南の両方に分布するが，それら2種は日本固有種であり，その進化史については謎も残されている．こうした北海道と本州の境界として津軽海峡による隔離が注目されており，生物地理学的には有名な鳥類学者にちなんで「ブラキストン線」とよばれている（Motokawa, 2015）．

　日本列島にもっとも広く自然分布するネズミがアカネズミである．北海道，本州，四国，九州のほか，周辺の多くの島嶼にも分布しており，陸橋形成と島嶼個体群の成立について多くの興味がもたれてきた．本書でも最新の成果を第3章と第4章で紹介する．また，アカネズミは多様な環境に生息するとともに，個体数も多い普通種であることから，個体群生態や社会構造についても古くから興味がもたれ，多くの研究が展開されてきた．第5章と第6章で最新の研究成果を紹介するとともに，その研究資源としての可能性について第7章で考察する．

　一方で人間活動と密接にかかわりながら進化してきたネズミ類についても，自然分布種とはまったく異なる視点から日本の個体群について研究が行われてきた．現在までに人為的な移入種，あるいは移入したことが疑われる種として，ドブネズミ，クマネズミ，ヨーロッパクマネズミ，ポリネシアネズミ，ハツカネズミ，オキナワハツカネズミの6種があげられる．これらが，日本でいつどのように起源したのかについて，先史時代以降の人間の移動の歴史とあわせてさまざまな考察が行われてきた．とくにハツカネズミについては，日本が世界での研究をリードしてきたといってもよい．第9章で日本列島への渡来に焦点をあてて最新の研究成果を紹介する．また，移入種であるネズミ類については，人獣共通感染症を媒介している可能性が高く，医動物学的な観点からの研究も活発に行われている．感染症については自然分布種であ

るネズミ類も感染していることがあること，日本が島嶼であることとも関係してこれまでになかった感染症が日本に持ち込まれたときに野生のネズミ類，ヒトの双方にとって予想しない事態が生じることも考えられる．第10章では，ネズミ類の感染症についての最新の知見について紹介する．

3　日本に分布するネズミ類

日本には以下に示す10属22種のネズミ類が生息している（表2）．ここでは属ごとに簡単に紹介する．各種については Ohdachi *et al.* (2015) で，くわしい知見を得ることができる．

表2　日本の代表的な島嶼におけるネズミ類各種の分布．なお，ドブネズミ，クマネズミ，ハツカネズミは汎世界的に分布し，日本でも広く分布すると考えられるが，詳細な分布データが不足しているために表には含めなかった．

	北海道	利尻島	国後島	本州	佐渡島	隠岐島後	伊豆大島	四国	九州	対馬	屋久島	トカラ中之島	奄美大島	徳之島	沖縄島	宮古島	尖閣魚釣島
ハントウアカネズミ	○																
アカネズミ		○	○	○	○	○	○	○	○	○	○						
ヒメネズミ		○		○	○		○	○	○		○						
セスジネズミ																	○
カヤネズミ				○			○	○	○								
アマミトゲネズミ													○				
トクノシマトゲネズミ														○			
オキナワトゲネズミ															○		
ケナガネズミ													○	○	○		
ヨーロッパクマネズミ	○																
ポリネシアネズミ																○	
オキナワハツカネズミ															○		
タイリクヤチネズミ	○	○	○														
ムクゲネズミ	○	○															
ヒメヤチネズミ	○																
ヤチネズミ				○													
スミスネズミ				○				○	○								
ハタネズミ				○			○		○								
マスクラット				○													

（1）ネズミ科

アカネズミ属

　日本にはハントウアカネズミ（*Apodemus peninsulae*），アカネズミ（*A. speciosus*，あるいはたんにニホンアカネズミ），ヒメネズミ（*A. argenteus*），セスジネズミ（*A. agrarius*）の4種が分布している．アカネズミ属はヨーロッパからアジアに広く分布し，森林や草地などの自然環境に分布する．ハントウアカネズミは東アジアに広く分布し，日本では北海道だけに生息する．セスジネズミは東アジアからヨーロッパまでユーラシアに広域に分布する一方で，日本では尖閣諸島の魚釣島だけから報告されている．

　アカネズミとヒメネズミ（図2）は日本列島の固有種で北海道，本州，四国，九州と周辺島嶼に広く分布する．両種は日本列島の森林環境ではもっとも捕獲数が多い普通種であることから，その進化，生態，社会などにおいてさまざまな研究がこれまでに行われ，野ネズミ研究のよいモデルとしての種ともなっている．

図2　ヒメネズミ（京都府産）．

カヤネズミ属

カヤネズミ（*Micromys minutus*）は東アジアからヨーロッパにかけて広域に分布し，日本では本州，九州，四国，対馬などに分布する．カヤネズミは，休耕地や河川敷などに生息し，イネ科植物などで球状の地上巣を形成する．イネ科植物をみごとに登攀しながら移動するための巻きつけのできる尾

図3　カヤネズミ（上）と球状の巣（下）．

をもっているのが特徴である．日本産の自然分布種のなかで国外を含めるともっとも広い分布域をもつが，遺伝的には韓国の個体群からの分化が小さく（Yasuda *et al.*, 2005)，興味深い種である（図3）．

トゲネズミ属

琉球列島の中部に位置する奄美大島，徳之島，沖縄島に固有の属で，針のように堅い毛をもつのが特徴である．奄美大島，徳之島，沖縄島にアマミトゲネズミ（*Tokudaia osimensis*）が分布するとされてきたが，最近になって徳之島産がトクノシマトゲネズミ（*T. tokunoshimensis*），沖縄島産がオキナワトゲネズミ（*T. muenninki*）に分けられ，現在は別種とされる3種が含まれる．トクノシマトゲネズミは日本産ネズミ類のなかでもっとも新しく，2006年に新種として記載された（Endo and Tsuchiya, 2006)．3種の生物学的知見については第8章で紹介する．

ケナガネズミ属

琉球列島にはもう1つの中部に固有の属で大型のケナガネズミ（*Diplothrix legata*）が奄美大島，徳之島，沖縄島に分布している．トゲネズミに比べて，より後になってから琉球列島に侵入したことが分子系統学的研究から示唆されているが，その進化史についてはわかっていないことも多い．くわしくは第8章で紹介する．

クマネズミ属

日本にはクマネズミ属としてドブネズミ（*Rattus norvegicus*），クマネズミ（*R. rattus*），ポリネシアネズミ（*R. exulans*）の3種が分布し，いずれも人為的移入に起源をもつと考えられている．

このうち，クマネズミ（図4）は人類の移動にともなって汎世界的に分布を拡大した種と考えられてきたが，最近の染色体数と遺伝子変異パターンにより，染色体数が $2n = 38$ のオセアニア系統と，アジアに在来で $2n = 42$ の少なくとも2つが認められ，たがいに別種と考えられている（Aplin *et al.*, 2011)．それをもとにすれば，日本列島に広く分布するのはアジアクマネズミ（*R. tanezumi*）となる．一方で，日本には近年に移入したことが示唆さ

図4　アジアクマネズミ（沖縄島産）（城ヶ原貴通氏提供）.

れるオセアニア系統が北海道の小樽港で報告されており，クマネズミ（*R. rattus*）であることが示唆される（Chinen *et al*., 2005）．しかしながら，これら2種あるいはそれ以上の種分類を改訂するにはいまだに分類学的研究が不十分である．ここでは暫定的にアジアクマネズミとクマネズミの2種を日本の分布種として認めたが，今後の研究によって種分類が変更される可能性もある．

ポリネシアネズミについては，1955年以前に宮古島で捕獲された標本をもとに日本から報告された（Motokawa *et al*., 2001）．しかしながら，現在の分布に関する調査がまったく行われていないことから，日本に分布する種として含めてよいのか疑問である．一方で，同じ論文で台湾東部での最近の移入が報告されており，琉球列島においても最近の新たな移入の可能性もある．そのために琉球列島でのポリネシアネズミやクマネズミ属の新たな調査にもとづく分布状況の確認が期待される．

ハツカネズミ属

ハツカネズミ（*Mus musculus*）とオキナワハツカネズミ（*Mus caroli*）の2種が知られている．ハツカネズミは人類誕生以来の人類の移動とともに，分布を拡大したと考えられ，日本での起源と分布拡大は第9章で議論する．

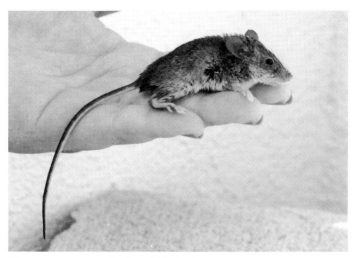

図 5　オキナワハツカネズミ（沖縄島産）．

現在では人間生活とかかわりの深い人家周辺や耕作地などに広く生息する．自然分布種とはまったく異なる進化上の興味深い研究対象となっている．

　一方で，オキナワハツカネズミ（図 5）は琉球列島の沖縄島のただ 1 つの島からのみ知られ，サトウキビ畑や草地に多く分布する．ハツカネズミよりも明らかに長く，頭胴長（体長）に匹敵する尾をもっている．オキナワハツカネズミは国外では台湾，中国南部から東南アジアに広く分布するが，沖縄島と台湾の間で形態が明らかに異なる一方で，遺伝的にはミャンマー集団に近いことなど，その系統学的位置づけには謎が多い（Motokawa et al., 2003; Terashima et al., 2003）．台湾の集団が古くから分布・分化したのに対して，沖縄島のものは最近になって大陸から移入した集団である可能性が考えられることから，移入種であることが示唆される．本種の分布域全体の遺伝学的研究，分類学的研究が行われることが期待される．

（2）　キヌゲネズミ科

ヤチネズミ属

　タイリクヤチネズミ（*Myodes rufocanus*），ムクゲネズミ（*M. rex*），ヒメヤチネズミ（*M. rutilus*）が北海道に分布し，国外ではそれぞれの同種個体

群が大陸にも分布している．大陸との共通種であることから，以前は最終氷期までサハリンを通じて大陸との交流があったと考えられてきたが，最近の分子系統地理学によれば陸橋形成とはかかわりなく，種によって大陸との分化時期や分化パターンが異なることがわかってきた（Iwasa et al., 2000, 2002, Iwasa and Nakata, 2011; Kawai et al., 2013）．

また，エゾヤチネズミを中心として，1950年代から生態学的な研究がさかんに行われてきた．これはヤチネズミ類の食害による林業被害が戦後深刻であった背景がある．同時にエゾヤチネズミが数年おきに個体数を著しく増減させることが知られ，その基礎生物学についても世界的に注目すべき研究が行われてきた（Kaneko et al., 1998; 齊藤，2002）．

スミスネズミ属

ヤチネズミ（*Eothenomys andersoni*）が本州に，スミスネズミ（*E. smithii*）が本州，四国，九州にそれぞれ分布し，いずれも日本固有種である．属名に *Phaulomys* が使われたこともあるが，現状では *Eothenomys* が妥当と考えられる．一方で属レベルや種レベルでの分類の混乱が著しい分類群で，ヤチネズミ属に含められることもある．ヤチネズミとスミスネズミ（図6）については，分子系統地理学の知見から地域個体群の間で種内・種

図6　スミスネズミ（京都府産）．

間の遺伝的交流が複雑に生じたと示唆されている (Iwasa and Suzuki, 2002, 2003; 岩佐, 2008). したがって, 現行分類のスミスネズミとヤチネズミの2種を認めることには問題も残されており, 種分類の改訂を含めた問題解決が必要である. 属の位置づけも含めて今後の研究課題である.

ハタネズミ属

ハタネズミ (*Microtus montebelli*) が, 本州, 九州, 佐渡島と能登島に分布し, 日本固有種である. 四国には現在は分布していないが, その化石記録について第2章で議論されている. 本州の北部には分布していない. 名前のとおり, 耕作地などを生息地としているが, 近年は個体数を減少させているようである.

マスクラット属

マスクラット (*Ondatra zibethicus*) が移入種として千葉県などに分布している. 第2次世界大戦中に毛皮のための養殖を目的に, 南米から導入し, 以後放逐や不完全な管理などにより野外に定着したと考えられている.

4 日本におけるネズミ研究の幕開け

日本におけるネズミ類の研究は, 20世紀末まで哺乳類研究のなかで大きな位置を占めていた. その理由はさまざまであるが, 中・大型哺乳類および翼手類の研究のための捕獲やデータ収集がむずかしかったこと, 食虫類は捕獲手法が確立されていなかったこと, それに対してネズミ類は多くの種で比較的捕獲が容易であり, 研究手法がかなり確立されていたことなどが研究を大きく進める要因としてあげられる. さらに, 戦後はネズミの農林業被害などの社会的な要請もネズミ類の生態学的研究を進展させることに寄与した. そうした要因に加えて, すでに述べたように, ネズミ類が陸上動物の多様性や進化を知るうえできわめて興味深い動物群であることもあげておきたい. これはネズミ類のもつ形態, 遺伝, 生態, 生活史などのさまざまな形質がかかわっているであろう.

日本産のネズミ類 (そして多くの陸上哺乳類も同様) の分類学は, 19世

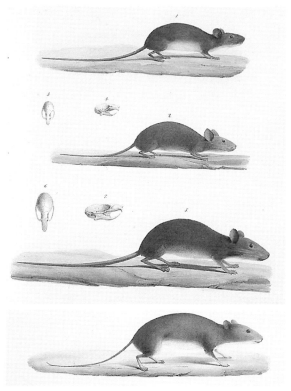

図7 シーボルトの『日本動物誌』に描かれたヒメネズミ，ハツカネズミ，クマネズミ，アカネズミ（上から順）（京都大学大学院理学研究科生物科学図書室所蔵）．

紀からヨーロッパの研究者により研究された．フィリップ・フランツ・フォン・シーボルトが収集した標本をもとに，ライデン博物館の館長であったコンラート・ヤコブ・テミンクは，1842年から1844年に『日本動物誌（ファウナ・ヤポニカ）』の哺乳綱を出版し，日本のネズミ類が初めて科学的に記載された．そこにはヒメネズミ，ハツカネズミ，クマネズミ，アカネズミの4種が含まれている（図7）．その後，ブランフォード公爵による東アジア動物探検により日本や朝鮮半島，中国などから収集された標本をもとに，20世紀初頭に大英博物館のオールドフィールド・トーマスが多くの日本産ネズミ類の記載を行った．この調査ではアンダーソンらが採集にあたったが，金

井清ら日本人も助手に雇われていたことが知られている（江崎，1935）.

その後，日本人研究者による分類学的研究が行われるようになった．金子・前田（2002）をもとに数えると，日本人が日本から命名したネズミ類の学名は現在のシノニムも含めて29ある．このうち最初に記載されたものがSasaki（1904）によるハタネズミに対する*Arvicola hatanedzumi*，2番目が波江（1909）の沖縄島産ケナガネズミに対する*Mus bowersii* var. *okinavensis*で，いずれも現在はほかの有効な学名のシノニムである．日本産哺乳類全体でも日本人記載による最初の2つの学名である．このように20世紀初頭から日本人による日本産ネズミ類の記載が始まった．なお，2番目のケナガネズミについては東京帝国大学理科大学に所属していた波江元吉が収集したタイプ標本は，国立科学博物館に現存していることが最近明らかになった（Motokawa *et al.*, 2015）．以上から，日本産ネズミ類については19世紀からヨーロッパの研究者による研究が行われ，20世紀に入ると日本人による研究も始まるようになり，それらには連続性が認められる．

東京帝国大学でネズミ類の研究を行った初期の研究者として青木文一郎があげられる．飯島魁教授のもとでネズミ類の分類学的研究に興味をもち，卒業研究をもとに，1913年に日本産哺乳類の種リストを発表した後（Aoki, 1913），『日本産鼠科』（青木，1915）として日本のネズミ類の分類体系の初めての総説を出版した．日本人によるネズミ類をはじめとする哺乳類学の黎明と位置づけることができる．また，青木の著作からは，ヨーロッパの学問をたんにまねするのではなく，よりよい学問をつくっていこうとしたことがうかがわれる．また，標本を収蔵する博物館についても独自の考えをもっていた（本川・于，2015）．

その後は日本の領土拡大にもあわせて，日本人研究者による新種や新亜種の記載を主とする哺乳類の分類学的研究がさかんに行われ，ネズミ類においても多くの研究成果が生み出された．そのなかで，黒田長礼は数多くの新種・新亜種の記載を当時の日本本土，琉球，朝鮮，満州，台湾，南洋諸島などで行った．そのまとまった成果として，1938年に『日本産哺乳類目録』を出版（Kuroda, 1938），ネズミ類も含めて日本産哺乳類を網羅的にリストし，命名上の異名（シノニム）の整理も行った．

一方で，京都帝国大学の徳田御稔はネズミ類に着目して分類学的研究を行

った．その代表的な業績として，1941年に出版された日本産ネズミ類の分類総説があげられる（Tokuda, 1941）．外部形態や頭骨といった一般的な分類形質に加えて，雄の生殖器形態にも着目して種分類体系の構築を行ったことが注目された．また，ネズミ類の地理的な隔離に着目し，日本列島の動物相の形成過程にまで議論を展開し，『日本生物地理』（徳田，1941）を出版したが，その副題は「東亜鼠類の進化学的研究より見たる日本列島の地史及び生物相の発達史」であり，ネズミ研究の成果といえる内容である．

　また，前述した青木は1929年に台北帝国大学に着任し，終戦まで台湾のネズミ類の形態変異をはじめとする研究に取り組んだ．青木の学生で，後に助教授になる田中亮と共同して，台湾におけるネズミ類の研究に取り組み，台湾に生息する13種のネズミ類の詳細な図説と総説を1941年に出版した（Aoki and Tanaka, 1941）．

　ここで紹介した青木，黒田，徳田，田中が日本のネズミ類の分類学に大きな貢献をしたが，一連の研究は終戦が1つの区切りとなって，ネズミ研究でも大きな変化が起こった．

5　戦後のネズミ研究の発展

　戦後，日本各地でネズミ類による農林業被害が起こり，都市部でもネズミ類の発生が問題となっていた．これに対して，応用的研究だけでなく，ネズミ類の個体群動態や生態的分布をはじめとした生態学や生活史についての基礎知見に関する研究の重要性が認識された．北海道における太田（1968）や『北海道産野ネズミ類の研究』（太田，1984），四国を中心に行われた田中（1967）の『ネズミの生態』は，ネズミ類の生態学研究として注目された．

　国立科学博物館の今泉吉典は，戦後に活躍したネズミ類をはじめとする哺乳類の分類学者である．ネズミ類についても戦前の分類体系を新たに見直す数多くの研究成果をあげた．その背景には，それまでの分類が鑑別分類にもとづくいわゆる α 分類学であったが，今泉はより種の進化に着目してクライン概念や差異係数などを導入しながら新しい分類学を目指そうとしたことがあげられる．『動物の分類』や『分類から進化論へ』などに彼のこうした考えが示されている（今泉，1966, 1991）．今泉の種や亜種について異論が

あることはともかく，戦後まもない 1949 年に『日本哺乳動物図説』，そして 1960 年に当時まだ日本へ復帰していなかった沖縄県を除いた日本産を対象に『原色日本哺乳類図鑑』を出版（今泉，1949, 1960）したことは注目すべきである．後者では 10 属 18 種のネズミ類が記されている．

戦後のネズミ類研究の発展を考えるうえで，研究者コミュニティの存在が大きな役割を果たしたといえる．日本哺乳動物学会が 1949 年に設立され（編輯部，1951），『日本哺乳動物学会報』（後に『哺乳動物学雑誌』）を出版した．一方で若手を中心にネズミ研究グループが 1960 年に設立され，『哺乳類科学』を出版（編集部，1961），そして 2 つが 1987 年に日本哺乳類学会として合併して（内田，1987），飛躍的に学術成果の公表，蓄積，流通が可能になったといえる．また，世代を超えた研究者の学術交流の場としても大きく寄与したことは疑いない．

このように，哺乳類の各分類群に対して多くの知見が得られるようになるのにあわせて，哺乳類全般，あるいはネズミ類全般といった広い分類群を対象に詳細な研究を 1 人の研究者が進めることがもはやむずかしくなっていた．そのため，各研究者は，それぞれが専門とする動物種や分類群をもつようになっていった．研究が細分化されると，哺乳類あるいはネズミ類をまとめる図鑑の必要性が増大した．1960 年の『原色日本哺乳類図鑑』以降，長い間，ネズミ類を含む日本産哺乳類の図鑑や分類総説は出版されず，研究者は日本に分布するネズミ類の種多様性の状況を知るために，多くの論文を読まなければならなかった．ようやく 1994 年に『日本の哺乳類』が出版され（2005 年に第 2 版），金子之史がネズミ類を担当した（阿部，1994, 2005）．カラー写真を含め，当時までの日本産哺乳類，そしてネズミ類の種ごとの最新の知見と検索表がまとめられた．さらに 2009 年には，"The Wild Mammals of Japan" が，初めて英文で書かれた日本産哺乳類の体系的な書として出版され，種ごとに網羅的な既知知見がまとめられ，2015 年には改訂版も出版された（Ohdachi *et al.*, 2009, 2015）．このほか，『ネズミの分類学――生物地理学の視点』が 2006 年に出版され，ネズミ研究について詳細に知ることができるようになった（金子，2006）．

このように近年になって日本産ネズミ類についての各種ごとの最新知見がまとめられたことは，研究者や一般読者にとって有用であり，同時にそれほ

ど種数が多くない日本産ネズミ類がきわめて興味深い研究対象であることを研究者どうしが共有するきっかけとなった．また，研究成果の不足部分をも明らかにすることができ，新しい研究が続々と展開されるようになった．1990年代後半からこの20年間に日本産ネズミ類の種分類，系統，形態，生態，生活史，化石，行動，防除，保全，感染症など，多様な分野において研究が大きく進展し，そして分野横断的発想をもとに「ネズミ学」といえる研究がようやくスタートしたといえるかもしれない．

　日本のネズミ類の研究史を考えるうえで，初期のヨーロッパの研究者による記載分類，日本の研究者による記載分類，分類体系の見直し，染色体やアロザイムの手法による系統分類学的研究，そして生態学や行動学など幅広い研究の進展，1990年代以降の遺伝子手法の系統分類や生態学への取り入れと大きな流れが認められるであろう．このうち21世紀になってからのネズミ学の急速な進展は遺伝子手法の応用がもっとも重要な貢献と考えられることも多いのではないだろうか．遺伝子手法の貢献はもちろんあるが，筆者としては研究者コミュニティの活性化や図鑑類などの出版とそれによる研究知見の共有が，よりネズミ学の急速な発展に貢献したのではないかと感じている．

6　多様性を追究するネズミ研究

　そして現在のネズミ研究は多様性の追究へと大きく変化しているように思う．形態や遺伝子にみられる種間・種内変異をみつけだすことにとどまらず，その生態，生活史，生息環境などに着目しながら研究が進められている．これまでは国際共同研究や海外調査といえば系統分類学に関する研究が主体であったが，最近では多様性理解という観点から同種個体群や近縁種に着目して，海外での生態学などの研究も多く行われるようになってきた．

　また，多様性の追究にはさまざまな種が研究されることが重要である．この点では，日本産ネズミ類については近年の知見蓄積はすべての種で大きな進展がみられる．同時にある特定の種について，もっともっとくわしく調べ，分野横断的な考察を加えてみることも重要だと感じている．本書では日本の固有種であり，同時に普通種であるネズミ科のアカネズミが多様性研究のモ

デル動物のようにいくつもの章で取り上げられている．もちろん，ほかの種でのよりくわしい研究も重要であるが，アカネズミについてはさらに研究が深まることが期待される．本書では取り上げなかったが，北海道に分布するキヌゲネズミ科のタイリクヤチネズミでも分野横断的に多くの研究が進められている．

　日本産ネズミ類では固有種が多いことを述べてきた．一方で，日本のネズミ類をみると，分類群がきわめて少なく，偏りがみられる．これまでは長い進化の過程を経て日本に定着することのできた種に着目してきたわけであるが，つぎの研究段階としてはそれらがどのようにして日本に定着できたのかも含めて，現在日本に生息しない種との比較が日本列島のネズミ相の理解に大きく貢献するのではないだろうか．そこでは形態や遺伝子にみられる変異だけに着目するのではなく，それぞれの種の生息場所，移動様式，繁殖時期，食性，個体間や他種との生態学的関係など，ネズミたちが示すさまざまなことに着目しながら，ネズミたちの進化のありようについて知ることが求められているのではないだろうか．本書を読んで知ってもらいたいことは，とても多くの謎が日本のネズミ類にいまでも残されていることである．そして，それを解明したいというネズミ学に新たに取り組む次世代の研究者が出現することを期待したい．

引用文献

阿部永（監修）．1994．日本の哺乳類．東海大学出版会，東京．
阿部永（監修）．2005．日本の哺乳類　改訂2版．東海大学出版会，秦野．
Aoki, B. 1913. A hand-list of Japanese and Formosan mammals. Annotationes Zoologicae Japonense, 8：261-353.
青木文一郎．1915．日本産鼠科．東京動物学会，東京．
Aoki, B. and R. Tanaka. 1941. The rats and mice of Formosa illustrated. Memoirs of the Faculty of Science and Agriculture, Taihoku Imperial University, Zoology, 13：121-191.
Aplin, K. P. *et al.* 2011. Multiple geographic origins of commensalism and complex dispersal history of black rats. PLoS One: e26357.
Chinen, A. A., H. Suzuki, K. P. Aplin, K. Tsuchiya and S. Suzuki. 2005. Preliminary genetic characterization of two lineages of black rats (*Rattus rattus* sensu lato) in Japan, with evidence for introgression at several localities. Genes and Genetic Systems, 80：367-375.
Endo, H. and K. Tsuchiya. 2006. A new species of Ryukyu spiny rat, *Tokudaia*

(Muridae: Rodentia), from Tokunoshima Island, Kagoshima Prefecture, Japan. Mammal Study, 31：47-57.

江崎悌三．1935．Duke of Bedford の動物学探検．植物及動物，3：1348-1354, 1505-1512, 1671-1678, 1835-1841．

編輯部．1951．發刊に際して．日本哺乳動物学会報，1：1．

編集部．1961．創刊にあたって．哺乳類科学，1：2．

今泉吉典．1949．分類と生態．日本哺乳動物図説．洋々書房，東京．

今泉吉典．1960．原色日本哺乳類図鑑．保育社，大阪．

今泉吉典．1966．動物の分類——理論と実際．第一法規，東京．

今泉吉典．1991．分類から進化論へ．平凡社，東京．

岩佐真宏．2008．孤立個体群における種分化——ヤチネズミ類．（本川雅治，編：日本の哺乳類学①）pp. 59-83．東京大学出版会，東京．

Iwasa, M. A., Y. Utsumi, K. Nakata, I. V. Kartavtseva, I. A. Nevedomskaya, N. Kondoh and H. Suzuki. 2000. Geographic patterns of cytochrome *b* and *Sry* gene lineages in the gray red-backed vole *Clethrionomys rufocanus* from Far East Asia including Sakhalin and Hokkaido. Zoological Science, 17：477-484.

Iwasa, M. A. and Suzuki, H. 2002. Evolutionary networks of maternal and paternal gene lineages in voles (*Eothenomys*) endemic to Japan. Journal of Mammalogy, 83：852-865.

Iwasa, M. A., I. V. Kartavtseva, A. K. Dobrotvorsky, V. V. Oanov and H. Suzuki. 2002. Local differentiation of *Clethrionomys rutilus* in northeastern Asian inferred from mitochondrial gene sequences. Mammalian Biology, 67：157-166.

Iwasa, M. A. and H. Suzuki. 2003. Intra-and interspecific genetic complexities of two *Eothenomys* species in Honshu, Japan. Zoological Science, 20：1305-1313.

Iwasa, M. A. and K. Nakata. 2011. A note on the genetic status of the dark red-backed vole, *Myodes rex*, in Hokkaido, Japan. Mammal Study, 36：99-103.

金子之史．2006．ネズミの分類学——生物地理学の視点．東京大学出版会，東京．

Kaneko, Y., K. Nakata, T. Saitoh, N. C. Stenseth and O. N. Bjørnstad. 1998. The biology of the vole *Clethrionomys rufocanus*: a review. Reserches on Population Ecology, 40：21-37.

金子之史・前田喜四雄．2002．日本人の研究者による哺乳類の学名と模式標本のリスト．哺乳類科学，42：1-21．

Kawai, K., F. Hailer, A. P. de Guia, H. Ichikawa and T. Saitoh. 2013. Refugia in glacial ages led to the current discontinuous distribution patterns of the dark red-backed vole *Myodes rex* on Hokkaido, Japan. Zoological Science, 30：642-650.

黒田長礼．1931．脊椎動物の分布上より見たる渡瀬線．動物学雑誌，43：172-175．

Kuroda, N. 1938. A List of the Japanese Mammals. Published by the author, Tokyo.

本川雅治．2008．日本の小型哺乳類――動物地理学の視点から．（本川雅治，編：日本の哺乳類学①）pp. 1-29．東京大学出版会，東京．

Motokawa, M. 2015. Distribution pattern and zoogeography of the Japanese mammals. *In* (Ohdachi, S. D., Y. Ishibashi, M. A. Iwasa, D. Fukui and T. Saitoh, eds.) The Wild Mammals of Japan 2nd ed. pp. 44-46. Shoukadoh, Kyoto.

Motokawa, M., K.-H. Lu, M. Harada and L.-K. Lin. 2001. New records of the Polynesian rat *Rattus exulans* (Mammalia: Rodentia) from Taiwan and the Ryukyus. Zoological Studies, 40：299-304.

Motokawa, M., L.-K. Lin and J. Motokawa. 2003. Morphological comparison of Ryukyu mouse *Mus caroli* (Rodentia: Muridae) populations from Okinawa-jima and Taiwan. Zoological Studies, 42：258-267.

本川雅治・于宏燦．2015．臺北帝国大学の動物学研究――青木文一郎と哺乳類標本．タクサ（日本動物分類学会誌），39：25-39.

Motokawa, M., S. Shimoinaba, S. Kawada and K. P. Aplin. 2015. Rediscovery of the holotype of *Mus bowersii* var. *okinavensis* Namiye, 1909 (Mammalia: Rodentia: Muridae). Bulletin of the National Museum of Nature and Science Series A (Zoology), 41：131-136.

波江元吉．1909．沖縄及奄美大島の小獣類に就て．動物学雑誌，21：452-457.

Ohdachi, S. D., Y. Ishibashi, M. A. Iwasa and T. Saitoh (eds). 2009. The Wild Mammals of Japan. Shoukadoh, Kyoto.

Ohdachi, S. D., Y. Ishibashi, M. A. Iwasa, D. Fukui and T. Saitoh (eds). 2015. The Wild Mammals of Japan 2nd ed. Shoukadoh, Kyoto.

太田嘉四夫．1968．北海道産ネズミ類の生態的分布の研究．北海道大学農学部演習林研究報告，26：223-295.

太田嘉四夫（編）．1984．北海道産野ネズミ類の研究．北海道大学図書刊行会，札幌．

齊藤隆．2002．森のねずみの生態学――個体数変動の謎を探る．京都大学学術出版会，京都．

Sasaki, C. 1904. A new field-mouse in Japan. Bulletin of the College of Agriculture, Tokyo Imperial University, 6：51-55.

田中亮．1967．ネズミの生態．古今書院，東京．

Terashima, M., A. Suyanto, K. Tsuchiya, K. Moriwaki, M.-L. Jin and H. Suzuki. 2003. Geographic variation of *Mus caroli* from East and Southeast Asia based on mitochondrial cytochrome *b* gene sequences. Mammal Study, 28：67-72.

徳田御稔．1941．日本生物地理．古今書院，東京．

Tokuda, M. 1941. A revised monograph of the Japanese and Manchou-Korean Muridae. Transactions of the Biogeographical Society of Japan, 4：1-155.

内田照章．1987．日本哺乳類学会の発足に当たって．哺乳類科学，27（1・2）：1-3.

Wilson, D. E. and D. M. Reeder. 2005. Mammal Species of the World: A Taxonomic and Geographic Reference 3rd ed. The Johns Hopkins University Press, Baltimore.

Yasuda, S. P., P. Vogel, K. Tsuchiya, S.-H. Han, L.-K. Lin and H. Suzuki. 2005. Phylogeographic patterning of mtDNA in the widely distributed harvest mouse (*Micromys minutus*) suggestes dramatic cycles of range contraction and expansion during the mid- to late Pleistocene. Canadian Journal of Zoology, 83：1411–1420.

I
進 化

1
日本のネズミの起源
分子系統学的考察

佐藤 淳

　ネズミが属する齧歯目は哺乳類最大の分類群であるため，その進化の道筋を明らかにすることで，哺乳類の種が多様化するうえで鍵となる進化過程を理解することができる．本章では近年のDNA塩基配列にもとづく分子系統学，系統地理学的研究において推定された分岐年代，集団拡散年代にもとづき，日本のネズミ類がどのようなプロセスを経て日本列島に定着したのかを探る．さらに，日本産ネズミ類相の形成過程を環境および地質学的変動と群集生態学的な理論を用いて考察する．日本のネズミ類相は，ユーラシア大陸における環境変動（気候変動およびそれにともなう植生の変化），日本列島周辺の海峡形成，そして近縁種の存在による競争的排除，またはニッチ分化による種選別（species assortment）といった要因が相互に作用しあうことで形成されたものと考えられる．

1.1　ネズミが多様化する進化過程

　"Mammal Species of the World 3rd Ed."（Wilson and Reeder, 2005）によると，ネズミが属する齧歯目は哺乳類5416種中2277種（42%）を有する最大のグループを形成する．南極を除くすべての大陸から島嶼部まで，そして熱帯雨林からツンドラや砂漠にいたるまで，地球上のさまざまな生態系に生息する．齧歯目には5亜目に分類される33科が存在し，近年の分子系統学的研究にもとづくと科間のおおよその系統関係と分岐年代は図1.1のようになる（Meredith et al., 2011; Fabre et al., 2012）．多種多様に適応放散を果たしてきたネズミがたどった進化の道筋を明らかにすることで，哺乳類の多

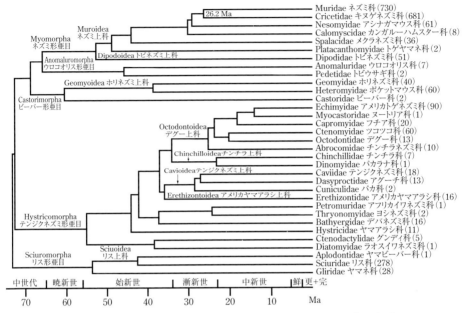

図 1.1 齧歯目における科間の系統関係と分岐年代．Meredith *et al.*（2011）と Fabre *et al.*（2012）の系統関係と分岐年代の推定値を参考にした．図には両研究の分岐年代推定値の平均を示している．Nesomyidae は，Fabre *et al.*（2012）では解析されていないため，Meredith *et al.*（2011）の推定値を示している．Echimyidae は Myocastoridae に対して側系統であるため，前者の直近の祖先の年代は後者の図中の分岐年代よりも古い．各科の学名と種数（科名の後のカッコ内の数字）は Wilson and Reeder（2005）にしたがった．上位の分類階級名は，Wilson and Reeder（2005）と Meredith *et al.*（2011）にしたがった．ただし，Wilson and Reeder（2005）のリストにある Heptaxodontidae に属する 4 種は，分子系統解析が行われていないため図に含めなかった．また，Wilson and Reeder（2005）のリストにはない Diatomyidae は，Meredith *et al.*（2011）と Fabre *et al.*（2012）で解析されているため図に含めた．科の分類群の和名は遠藤（2002）と金子（2006）にしたがった．和名のつけられていない Cuniculidae と Diatomyidae は，それぞれパカ科とラオスイワネズミ科とした．上位の分類階級名の和名は遠藤（2002）を参考にした．ただし，Wilson and Reeder（2005）にしたがい，-morpha を亜目として和名をつけた（遠藤 [2002] は下目としている．Wilson and Reeder [2005] では，亜目の分類が暫定的であると記されていることにも注意が必要である．齧歯目の高次分類は混乱の歴史があり，いまだ解決していない）．年代における Ma は 100 万年を示す．鮮と更＋完は，それぞれ鮮新世と更新世＋完新世の略号である．

様化の鍵となる進化過程を検証することができる．

これまで多くの研究者が分子系統学的手法を用いて，ネズミが多様化する要因の解明を目指してきた．たとえば，Fabre *et al.* (2012) は，1265 種（齧歯目全種の約 55% をカバー）のネズミ種を対象に，11 遺伝子座位を用いて分子系統解析を行い，異なる系統における独立した種分化速度の増加を示した．なかでもネズミ科（Muridae）とキヌゲネズミ科（Cricetidae）で多くの多様化が起きたことを明らかにした．同様に，Schenk *et al.* (2013) は，ネズミ上科（Muroidea）に焦点をあて，キヌゲネズミ科の 1 亜科であるコトンラット亜科（Sigmodontinae）の系統が南米に到達した際に，種分化の速度を増加させたことを示した．このような新天地でのネズミの多様性の増加はアフリカやサフールのネズミ亜科（Murinae）に属する種でもみられる（Lecompte *et al.*, 2005, 2008; Rowe *et al.*, 2008）．つまり，ネズミ類は新しい環境に適応しながら多様化を果たしてきたことがわかる．化石の記録からみると，日本列島に生息するネズミ類には，鮮新世以前に起源をもつ古い系統から，更新世に起源をもつ新しい系統までが存在する（Dobson, 1994; Dobson and Kawamura, 1998）．一般的に資源の少ない島嶼の構造をもつ日本列島で，異なる進化史をもつネズミ類の多様性はどのように形成されたのであろうか．まずは，日本のネズミの起源を時間の側面から明らかにする必要がある．

1.2　日本のネズミの起源

日本には 4 科 13 属 23 種の齧歯類が在来種として生息する（Ohdachi *et al.*, 2009）．その 57% にあたる 13 種が日本固有種である．齧歯目 33 科のなかで，日本でみられるのはヤマネ科（Gliridae），リス科（Sciuridae），ネズミ科（Muridae），キヌゲネズミ科（Cricetidae）の 4 科である．後者 2 科は姉妹系統であることが示されており，ネズミ科 730 種とキヌゲネズミ科 681 種で種多様性の大きな 1 つのクレードを形成する（図 1.1）．この 1 つのクレードだけで齧歯目全体の 62%，哺乳類全体の 26% の種を占める．つまり，現生種のみを考慮してみても，齧歯目の進化の 3 分の 1 に相当する約 2600 万年という短い時間に，たった 1 つのクレードにおいて齧歯目の 3 分の 2 の

種，哺乳類の4分の1の種が誕生するというハイスピードで種の多様化が起きたことがわかる（図1.1）．日本列島はその多様化の一部を受け入れたことになる．

本章では，このネズミ科とキヌゲネズミ科のいわゆる"ネズミ"に焦点をあてて近年の分子系統，および系統地理学的研究をまとめ，とくに分岐年代推定値に着目することで，日本産ネズミ類の系統がどのような進化的な背景のなかで生まれたのかを議論する．一方で，外来種やヒトに随伴する種（マスクラット，ハツカネズミ，ドブネズミ，クマネズミ，ナンヨウネズミ），自然分布が疑わしい種（オキナワハツカネズミ），日本の集団について分子データが存在しない種（セスジネズミ）はここでは議論しない．琉球諸島固有のトゲネズミ（*Tokudaia* 属の種）とケナガネズミ（*Diplothrix legata*）は本書の第8章を参照されたい．本章における和名は金子（2006）にしたがった．

（1） ネズミ科

日本には，ネズミ科に属する在来種としてオキナワハツカネズミ，トゲネズミ，ケナガネズミを除くと5種が存在する（Ohdachi *et al.*, 2009）．すべてがネズミ亜科（Murinae）の種であり，4種がアカネズミ属（*Apodemus*）の種である．アカネズミ（*A. speciosus*）とヒメネズミ（*A. argenteus*）は日本固有種であり，琉球諸島を除く日本列島のほぼ全域に生息する．ハントウアカネズミ（*A. peninsulae*）は日本では北海道のみに生息し，同種がサハリン，朝鮮半島，シベリア，極東ロシア，中国などのユーラシア大陸にもみられる．セスジネズミ（*A. agrarius*）は日本では尖閣諸島の魚釣島のみに生息し，同種がヨーロッパから東アジアにかけてユーラシア大陸，および台湾に広く分布する．残りの1種はカヤネズミ（*Micromys minutus*）であり，ヨーロッパから日本や台湾を含む東アジアまで広く分布する種で，日本では本州における東北地方南部から，四国，九州にかけて分布する．ネズミ亜科における属や族に相当する主要な系統は，進化的に短い時間のなかで急速に多様化したとみられており，その系統関係は解明されていない（Sato and Suzuki, 2004; Steppan *et al.*, 2005; Lecompte *et al.*, 2008）．しかしながら，アカネズミ属とカヤネズミ属はそれぞれトゲネズミ属（*Tokudaia*）とドブ

ネズミ族（Rattini）の系統に近縁であることが示唆されている（Sato and Suzuki, 2004; Lecompte *et al*., 2008）．以下にアカネズミ属とカヤネズミ属の進化過程を考察したい．

アカネズミ属

アカネズミ属に属する種は，旧北区の温帯域においておもに落葉広葉樹林（夏緑樹林）を中心とした生態系に適応した生活史をもつ．現生種として20種が知られており，ヨーロッパから東アジアまで広く分布する（Musser and Carleton, 2005）．近年の分子系統学的研究によると，アカネズミ属には大きく4つの主要な系統があり，ヒメネズミの系統（日本固有），ネパールアカネズミ（*A. gurkha*）の系統（ネパール固有），おもに東アジアに分布する系統（以後，アジア系統とよぶ），そしておもにヨーロッパに分布する系統（以後，ヨーロッパ系統とよぶ）に分けることができる（図1.2; Serizawa *et al*., 2000; Suzuki *et al*., 2003, 2008）．日本のアカネズミ類の起源を探るうえで，大陸のほかのアカネズミ類との系統分岐がいつ起きたのかを理解することは重要である．Suzuki *et al*.（2008）は，4つの核遺伝子（*Irbp*, *Rag1*, *I7*, *vwf*）を用いて，アカネズミとヒメネズミの分岐年代を，それぞれ590万年前と730万年前と推定した（図1.2）．つまり，日本固有のアカネズミとヒメネズミの系統が発生した年代は後期中新世ということになる．

北海道のハントウアカネズミに関する系統地理学的な研究として，Serizawa *et al.*（2002）と Sakka *et al.*（2010）がある．北海道のハントウアカネズミは単系統であることが示されている（Serizawa *et al*., 2002）．両研究ともに，シベリアから極東ロシアの集団の高い遺伝的多様性を検出し，更新世の氷河期においてこれらの地域にレフュジア（避寒地）があったことを指摘している．北海道の集団は低い遺伝的多様性を示すことから，極東ロシアのレフュジアから拡大した集団に由来する小集団から創始した可能性がある．Sakka *et al.*（2010）は，北海道系統と大陸系統との分岐を約10万年前と推定した．その時期は，地質学的な記録によると間宮海峡と宗谷海峡が海水面の低下により陸化していた一方で，津軽海峡は陸化せず，日本の主要な島のなかで北海道のみが大陸とつながった状態であったと考えられている（大嶋，1991）．このことはハントウアカネズミが本州以南に存在しないという分布

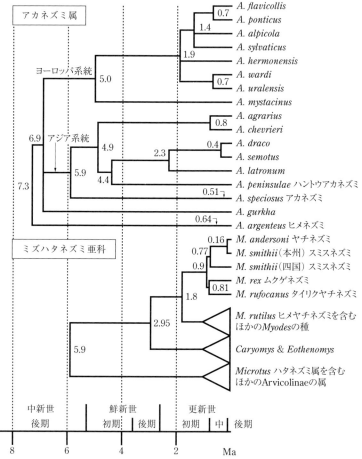

図 1.2 アカネズミ属（Apodemus），およびミズハタネズミ亜科（Arvicolinae）に属する種，または属の系統関係．アカネズミ属の系統関係と分岐年代は Suzuki et al.（2008）を参考にした．アカネズミとヒメネズミの系統上の矢印は種内系統のもっとも古い分岐年代を示す（Suzuki et al., 2004）．ミズハタネズミ亜科の系統関係と分岐年代は，Cook et al.（2004），Luo et al.（2004），Abramson et al.（2009, 2012）を参考にした（同じクレードに推定値がある場合には平均した）．"M. rutilus を含むほかの Myodes の種"のクレードには Wilson and Reeder（2005）の Alticola も含まれる．"Microtus を含むほかの Arvicolinae の種"は，その他の Arvicolinae の種すべてを含むわけではなく，Microtus とクレードを形成する近縁な種のみを含む．ノード付近の数値は分岐年代推定値を示す．年代における Ma は 100 万年を示す．また，中は中期を示す．1 万年以降の完新世は省略した．

パターンと矛盾しない．

　以上，日本に生息するアカネズミの系統は，後期中新世と後期更新世における新旧のアジアでの多様化といった進化的な背景のなかで生まれたとみなすことができる．

カヤネズミ属

　カヤネズミの系統地理学的な研究としては Yasuda et al.（2005）がある．彼らは，ミトコンドリアチトクローム b 遺伝子と調節領域を用いて系統地理学的な解析を行い，カヤネズミの過去の集団動態や日本列島への渡来を議論した．興味深いことに，同様の分布を示すほかの哺乳類と比較して，極端に種内変異の程度が小さいことが明らかとなり，ユーラシア大陸において比較的最近に広域にわたる集団の拡大が起きたことが示唆された．日本と韓国の系統とヨーロッパの系統との分岐年代は約8万年前と推定されている．また，日本列島のカヤネズミも過去に集団拡大を経験したことが明らかとされ，その拡大時期は約3万年前と推定されている．これらの年代推定値は，日本のカヤネズミが後期更新世に渡来したことを示唆するが，対馬（朝鮮）海峡が後期更新世に陸化していないという大嶋（1991）の主張と合わない．渡来についてはさまざまな仮説が可能であるが，浮き草による海洋分散の可能性を考えることはできないだろうか．キューバやハイチなどのアンティル諸島には，浮き草により海を越えて定着したと考えざるをえない多くの脊椎動物が存在する（Hedges, 2006）．カヤネズミは河川近隣の氾濫原で草本植物を利用して巣をつくる（Hata, 2011）．後期更新世には対馬（朝鮮）海峡の幅が約 20 km と非常に狭くなったことも示唆されており（Park et al., 2000），浮き草による海洋分散仮説を1つの可能性として想起させてくれる．

（2）　キヌゲネズミ科

　日本に生息するキヌゲネズミ科の種はすべてミズハタネズミ亜科（Arvicolinae）に属している．本亜科の在来種としては，日本に6種が生息している（Ohdachi et al., 2009）．ミズハタネズミ亜科の分類はこれまで属レベルで混乱してきた経緯があり，その混乱は現在も続いている．本章では Musser and Carleton（2005）および Carleton et al.（2014）の用法にしたがい属

名を示す一方で，種数については Ohdachi *et al.* (2009) を参考にした．つまり，ヤチネズミ属（*Myodes*）とハタネズミ属（*Microtus*）のみを使用し，それぞれの種の学名を，*Myodes rutilus*（ヒメヤチネズミ），*M. rofucanus*（タイリクヤチネズミ），*M. rex*（ムクゲネズミ），*M. andersoni*（ヤチネズミ），*M. smithii*（スミスネズミ），そして *Microtus montebelli*（ハタネズミ）として本章では取り扱う．

これら日本のミズハタネズミ類の分布は以下のとおりである（Ohdachi *et al.*, 2009）．ヒメヤチネズミは北海道に生息し，同種がユーラシア大陸北部から北米大陸にまで分布する．タイリクヤチネズミは，日本では北海道とその周辺島嶼に生息し，同種がサハリンやユーラシア大陸北部に分布する．ムクゲネズミは日本では北海道やその周辺島嶼で断片化した小さな分布域をもち，サハリンには分布するがユーラシア大陸には分布しない．一方，ヤチネズミとスミスネズミはどちらも日本固有種であり，北海道を除く本州以南の主要な島に生息している．前者がおもに東日本に，後者がおもに西日本にみられるが，東北南部から中部地方にかけて同所的に分布している．ハタネズミは日本固有種であり，本州と九州に分布し，北海道や四国には分布しないという特徴的なパターンを示す．日本のミズハタネズミ類の大まかな系統関係を図1.2に示す．以下にそれぞれの属ごとにその進化過程を考察したい．

ヤチネズミ属

北海道には3種のヤチネズミ属の種が存在するが，それぞれ独立に北海道に渡来したものと考えられる．Kohli *et al.* (2015) は，ミトコンドリアチトクローム *b* 遺伝子と3つの核遺伝子にもとづき系統地理学的な解析を行い，ヒメヤチネズミの種内には少なくとも3つのレフュジアに由来する異なる系統群が存在することを明らかにした．それらの系統群は最後の10万年間（つまり後期更新世）に分化したと推定されている．このような大陸での分化のなかで生じた日本のヒメヤチネズミ集団の起源は北方のレフュジアであるベーリンギアにあり（Kohli *et al.*, 2015），一度の渡来で北海道に定着したことが示唆されている（Iwasa *et al.*, 2002; Kohli *et al.*, 2015）．北海道の系統が後期更新世に起源をもつことと（Kohli *et al.*, 2015），後期更新世に津軽海峡が陸化しなかったという議論（大嶋，1991）は，本州以南に分布しない

というヒメヤチネズミの分布パターンと整合性がある．一方，タイリクヤチネズミにおいては，ミトコンドリアチトクローム *b* 遺伝子を用いた系統地理学的な解析により，北海道の系統は極東ロシアとサハリンを含むクレードから27万年前に分岐したと推定されている（Abramson *et al.*, 2012）．ユーラシア大陸では，極東ロシアにおける集団の遺伝的多様性が高く氷河期にレフュジアが存在したことが示唆されていることから，極東ロシアのレフュジアに由来する一部の系統が北海道にたどり着いたと考えられる（Abramson *et al.*, 2012）．ヒメヤチネズミ同様，北海道のタイリクヤチネズミも単系統を示す（Iwasa *et al.*, 2000; Abramson *et al.*, 2012）．渡来後，北海道の集団は，5万-4万年前ごろに急速に拡大したことが示唆されている（Abramson *et al.*, 2012）．系統発生の時期（27万年前）は中期更新世に含まれるが，Abramson *et al.* (2012) における系統樹の枝の長さから推察すると，北海道の系統の直近の祖先は後期更新世に存在したと見積もることが可能である．ムクゲネズミについては，タイリクヤチネズミとの分岐が81万年前と推定されている（図1.2; Abramson *et al.*, 2012）．つまり，ムクゲネズミは北海道に生息するヤチネズミ属3種のなかでは最古参であるといえる．

　本州のヤチネズミ属の種（ヤチネズミとスミスネズミ）はどのような起源をもつだろうか．これら本州産の系統と北海道のタイリクヤチネズミとムクゲネズミからなる系統との分岐年代については過去にさまざまな推定値が提示されている．しかしながら，最小でも90万年前と推定されており（図1.2; Luo *et al.*, 2004），後期更新世よりも古い時代に両種の共通祖先が本州に流入したと推察される．少なくとも，北海道のヤチネズミ種が渡来する以前に本州に渡来したと考えるのが妥当であろう．その後，2種は本州・四国・九州のなかで系統分化を進めたわけであるが，その分化の過程は非常に複雑である．まず，スミスネズミについては，ミトコンドリア多型から，異なる2系統（本州・九州系統と四国系統）が存在し，単系統を示さないことが報告されている（たとえば，Iwasa and Suzuki, 2002）．つまり，本州・九州系統はヤチネズミの系統と近縁性を示し，四国系統はスミスネズミとヤチネズミのすべての系統のなかでもっとも遺伝的に分化した系統であることが明らかとされている（図1.2）．Luo *et al.* (2004) は，四国のスミスネズミが中期更新世（約0.77 Ma）に分化したと推定し，本州・九州系統とヤチネ

ズミとの間の分岐年代については16万年前という非常に若い分岐年代を推定している（図1.2）．これらの分岐年代推定値は，スミスネズミとヤチネズミは同種として扱われてもおかしくない遺伝的分化の程度をもつことを意味する．Iwasa and Suzuki（2003）は両種の間で異種間浸透が生じたことを示している．また，両種の形態学的な識別も容易ではないことが知られている（金子，2006）．今後，より詳細な分子系統学的な研究を経て，本州・四国・九州産のヤチネズミ属の種の分類を再考する必要があると考えられる．

ハタネズミ属

ハタネズミ属はおもに草食性のネズミ類からなるグループで，62種が知られており，ミズハタネズミ亜科最大の種数を誇る（41%；Musser and Carleton, 2005）．過去200万-100万年という比較的短い期間に急速に種分化が起きたといわれており，現在は，ユーラシア大陸から北米まで広く分布する（Conroy and Cook, 2000；Jaarola et al., 2004）．日本では，ハタネズミ1種が本州と九州のみに生息する．これまでの分子系統学的研究により，日本のハタネズミに近縁な種は，ユーラシア大陸から北米大陸にまたがる広域分布を示すツンドラハタネズミ（*Microtus oeconomus*）と台湾固有のキクチハタネズミ（*M. kikuchii*）であることが報告されているが，これら3種の間の系統関係はいまだ解明されていない（Conroy and Cook, 2000；Jaarola et al., 2004；Bannikova et al., 2010）．Bannikova et al.（2010）は，ミトコンドリアチトクローム b 遺伝子にもとづき分岐年代推定を行い，ハタネズミの系統が生じた年代を95万年前と推定している．この年代から現在までの間には北海道から九州まで陸橋でつながっていた時期があるため，渡来のルートがサハリン経由か朝鮮半島経由かにかかわらず，北海道や四国にハタネズミの分布が成立してもおかしくない．これらの島におけるハタネズミの不在については説明が必要である（後述）．

1.3 日本のネズミ類相の形成過程

本章の冒頭で，日本列島に生息するネズミ類には，さまざまな時期にユーラシア大陸から渡来した古い系統と新しい系統が混在していることを紹介し

た．これら新旧の系統の生態的なニッチの分化や，渡来時期における日本列島周辺の海峡形成の有無は，日本の現生のネズミ類の同所性と異所性にどのような影響を与えたのだろうか．前節で得られた分岐年代推定値と環境変動，地質学的イベント，そして群集生態学の観点から日本のネズミ類相の形成過程について考察したい．

（1） アジアにおける環境変動と日本のネズミの起源

アカネズミ類の系統進化を考えてみよう．アカネズミ類の生活史は森林植生と深く結びついている．森林植生は気温や降水量の影響を大きく受けるため，地球規模での気候変動が森林植生の変化を通してアカネズミ類の多様化に影響したと考えるのは妥当であろう．Suzuki et al. (2008) は，アジアとヨーロッパにおける主要な系統（後者においては *Apodemus mystacinus* を除く）がそれぞれ590万年前と190万年前に多様化を開始したと推定した（図1.2）．つまり，アジア系統の分化はヨーロッパ系統よりも早く始まり，分化の程度が大きいことが明らかとされている．アジアのアカネズミ類の多様化が起きた後期中新世は，寒冷化と乾燥化による植生の変化が地球規模で生じた時代である (Cerling et al., 1997)．とくに，乾燥化はヨーロッパよりもアジアで早期に始まったことが示唆されている (Fortelius et al., 2002)．このような環境変動がアカネズミ類の多様化と関係した可能性がある (Serizawa et al., 2000; Michaux et al., 2002; Suzuki et al., 2003, 2008)．この時代に起源をもつアカネズミとヒメネズミは日本固有種であることから，日本列島が古くから大陸の系統を抱え込み隔離する機能をもっていたことがうかがえる．

一方で，ほかの日本産ネズミ類の起源はより新しい．なかでも，ハントウアカネズミ，タイリクヤチネズミ，ヒメヤチネズミは中期から後期更新世に起源をもち，それぞれユーラシア大陸において系統分化を果たし，サハリン経由で北海道に渡来したと考えられる．更新世には氷期と間氷期が繰り返し起こり，とくにヨーロッパではこのことが動物相の形成に大きな影響を与えたことが知られている (Hewitt, 1996, 2000)．また，氷期には地中海周辺などにレフュジアの存在が示唆されている．東アジアでも，氷河の発達はみられなかったものの，多くの分類群に共通するいくつかのレフュジアの存在が

示唆されている．極東ロシアがその1つであり，この地域に生息するハントウアカネズミやタイリクヤチネズミの集団はレフュジアの特徴である高い遺伝的多様性を示す．一方で，ヒメヤチネズミの系統発生については，より北方のレフュジアであるベーリンギアが関与している可能性がある．つまり，これら3種については，大陸における異なるイベントが日本列島への渡来を引き起こし，結果として同様の分布パターンにいたったということがわかる．

以上のように，過去の地球規模での気候変動がユーラシア大陸のネズミ類の系統放散過程に個別の影響を与え，その系統放散の受け皿として日本列島が機能してきたと考えることができる．

（2） 日本のネズミの渡来時期と日本列島周辺の海峡形成

津軽海峡と対馬（朝鮮）海峡の形成は中期更新世以前に起こり，後期更新世に本州が北海道や朝鮮半島とつながることがなかったと推定されている（大嶋，1991）．この見地から議論を進めると，もし日本列島形成過程のみが分布パターンを決めるのであれば，ユーラシア大陸に同種が存在し，日本列島では北海道にのみみられる種は，津軽海峡がすでに形成された後期更新世に渡来し，本州・四国・九州に固有の種は，津軽海峡および対馬（朝鮮）海峡の形成以前に渡来したと考えるのが妥当である．ハントウアカネズミとヒメヤチネズミは日本列島のなかで北海道のみに生息し，かつ後期更新世に起源をもつことから，津軽海峡における地理的分断で分布形成を理解することができる．アカネズミとヒメネズミの起源は非常に古いことから，海峡形成以前に北海道，本州，四国，九州とその周辺島嶼に分布を広げたのであろう．Suzuki *et al.*（2004）では，アカネズミとヒメネズミの種内系統のもっとも初期の分化はそれぞれ約51万年前と64万年前（ともに中期更新世）に起きたと推定されており（図1.2），このことからも津軽海峡の形成がアカネズミとヒメネズミの分布拡大の障壁とはなっていないことがうかがえる．本州・四国・九州に固有のヤチネズミとスミスネズミはどうであろうか．両種の祖先系統が北海道のタイリクヤチネズミとムクゲネズミの祖先系統から分岐したのは前期更新世と推定されている（>90万年前）．したがって，ヤチネズミとスミスネズミの祖先系統の本州以南への流入は津軽海峡による障壁の影響を受けていないと考えられる．また，ハタネズミも近縁系統から分岐

したのが，前期更新世（95万年前）と推定されているため，同様に海峡形成の影響は受けなかったはずである．それでは，タイリクヤチネズミの北海道系統とムクゲネズミはどうであろうか．これらの種は津軽海峡に陸橋が存在したと考えられる中期更新世に起源をもつため，本州以南に存在しない理由については説明が必要である（後述）．しかし，タイリクヤチネズミの種内系統の多様化が生じたのは後期更新世と見積もることができるため，本種は津軽海峡の形成で分布を説明できる可能性も残されている．カヤネズミにおける海峡形成後の渡来は，浮き草による海洋分散のような例外を仮定せざるをえないが，その妥当性についてはさらに議論が必要であろう．

(3) 同所性と系統学的近縁性

近年の群集生態学と系統学との融合のなかで，近縁系統の種間ではニッチに重複がみられることから資源に関する競争が激しく，競争的排除（competitive exclusion）が起こる一方で，遠縁系統の種間ではニッチが異なることが多く，さまざまな種が同所的に生息できる（種選別 species assortment）ということがしばしば議論されている（Emerson and Gillespie, 2008）．このような法則は日本産ネズミ類にも適用できるであろうか．

アジアの各地域にはおよそ2種のアカネズミが同所的に生息しているが，興味深いことに，Suzuki *et al.* (2003) は，それらが異なる主要な系統の組み合せであることを明らかにした．たとえば，本州・四国・九州のアカネズミ類では，アカネズミとヒメネズミが同所的に生息するが，この組み合せは異なる主要系統のなかからそれぞれ1種ずつが選択されている（アジア系統とヒメネズミ系統；図1.2）．北海道ではアカネズミとハントウアカネズミが同じアジア系統に属するが，アカネズミはアジア系統のなかでもっとも早く分岐した系統であり，両者の間には近縁とはいいがたい進化的な距離がある（後期中新世における分岐）．おそらくは比較的遠縁で異なる特徴をもつアカネズミ類がニッチを分けることで，日本列島における同所性を達成したと考えられる（Suzuki *et al.*, 2003, 2008）．Suzuki *et al.* (2008) では，体サイズ，地上性か樹上性かの違い，食べるドングリの違いなどがアカネズミとヒメネズミのニッチの違いにかかわり，同所性を可能にすると議論されている．以上の日本産アカネズミ類の例は，種選別の一例ととらえることができ

る．

　タイリクヤチネズミとムクゲネズミは津軽海峡に陸橋が出現した中期更新世以前に起源をもつ可能性があるにもかかわらず，現在，本州以南には生息していない．おそらくこの分布パターンには，ヤチネズミとスミスネズミの存在が関与していると考えることができる．上述のように，本州以南にはすでにヤチネズミとスミスネズミが渡来していたことが示唆されている．そして，タイリクヤチネズミとムクゲネズミの系統と，ヤチネズミとスミスネズミの系統はもっとも近縁であることが示されている（図1.2）．たとえ中期更新世において津軽海峡に陸橋が形成されており，北海道から本州への系統の流入が可能であったとしても，同属の近縁種が定着を許さなかったと説明することができる（競争的排除）．ネズミ以外の分類群でも同様の系統進化のパターンを示す例は存在する．たとえば，北海道のキタリス（$Sciurus\ vulgaris$）は中期更新世に起源があることが示唆されているが（Oshida $et\ al.$, 2005），タイリクヤチネズミとムクゲネズミの場合と同様に本州以南に存在しない．その代わりに姉妹種であるニホンリス（$S.\ lis$）が本州以南には存在する．ユキウサギ（$Lepus\ timidus$）も中期更新世に起源があると思われるが（Kinoshita $et\ al.$, 2012），本州以南には同属の近縁種であるニホンノウサギ（$L.\ brachyurus$）が存在する．では，姉妹系統であるタイリクヤチネズミとムクゲネズミがともに北海道にみられることはどのように説明できるだろうか．両種はともに北海道に生息するものの，タイリクヤチネズミは北海道全域でみられるのに対して，ムクゲネズミはいくつかの断片化した分布域にしか生息していない．このことはタイリクヤチネズミとムクゲネズミとの間でニッチに重なりがあり，競争的な相互作用が起きた，あるいは現在も起こっているということで説明ができるかもしれない．

　ハタネズミはどうだろうか．ハタネズミ属は日本のミズハタネズミ類のなかでもっとも遠縁の種である（図1.2）．したがって，本州や九州でその他のミズハタネズミ類（ヤチネズミやスミスネズミ）と分布域が重なったとしても，おそらくはニッチの違いにより同所的分布が可能であったのだろう．では，ハタネズミが北海道と四国にいない理由とはいったいなんであろうか．金子（2006）は四国にハタネズミがいないのはアカネズミとの種間競争の結果であると議論している．しかし，このような遠縁のアカネズミとのニッチ

の重なりの有無は，今後詳細に確かめる必要がある．化石の記録から，最終氷期にツンドラハタネズミが本州，九州，宮古島に分布していたことが知られている（金子，2006）．このような過去に存在した同属の種との競合もあったのかもしれない（本書の第2章参照）．北海道におけるハタネズミの不在を説明するためには，今後2つの研究が必要である．1つは，系統地理学的な研究であり，種内の集団拡大の年代を推定することで海峡の形成史と比較すべきである．2つめは，その他のネズミ類とのニッチの重複を探る必要がある．ニッチの重複がみられない場合は，北海道と四国の生息環境がハタネズミに不適であるかどうかなど環境フィルタリング（environmental filtering；Emerson and Gillespie, 2008）の効果を探る必要も出てくるだろう．カヤネズミとアカネズミの同所性については，遠縁の系統間のニッチの分化で説明ができる．カヤネズミが北海道にいない理由については，後期更新世の起源と津軽海峡形成史で理解できる．

以上の議論から，日本産ネズミ類相の形成については，大陸における環境変動，日本列島形成にかかわる地質学的なイベント，そして群集生態学の理論を総合的にみていくことによって初めて説明が可能になる．しかしながら，より詳細な分岐年代推定やそれぞれのネズミの生態学的ニッチの深い理解など，本章における仮説を検証するために今後多くの研究を行う必要があることは間違いない．

引用文献

Abramson, N. I., V. S. Lebedev, A. S. Tesakov and A. A. Bannikova. 2009. Supraspecies relationships in the subfamily Arvicolinae (Rodentia, Cricetidae): an unexpected result of nuclear gene analysis. Molecular Biology, 43：843-846.

Abramson, N. I., T. V. Petrova, N. E. Dokuchaev, E. V. Obolenskaya and A. A. Lissovsky. 2012. Phylogeography of the gray red-backed vole *Craseomys rufocanus* (Rodentia: Cricetidae) across the distribution range inferred from nonrecombining molecular markers. Russian Journal of Theriology, 11：137-156.

Bannnikova, A. A., V. S. Lebedev, A. A. Lissovsky, V. Matrosova, N. I. Abramson, E. V. Obolenskaya and A. S. Tesakov. 2010. Molecular phylogeny and evolution of the Asian lineage of vole genus *Microtus* (Rodentia: Arvicolinae) inferred from mitochondrial cytochrome *b* sequence. Biological Journal of

Linnean Society, 99：595-613.
Carleton, M. D., A. L. Gardner, I. Y. Pavlinov and G. G. Musser. 2014. The valid generic name for red-backed voles (Muroidea: Cricetidae: Arvicolinae): restatement of the case for *Myodes* Pallas, 1811. Journal of Mammalogy, 95：943-959.
Cerling, T. E., J. M. Harris, B. J. MacFadden, M. G. Leakey, J. Quade, V. Eisenmann and J. R. Ehleringer. 1997. Global vegetation change through the Miocene/Pliocene boundary. Nature, 389：153-158.
Conroy, C. J. and J. A. Cook. 2000. Molecular systematics of a Holarctic rodent (*Microtus*: Muridae). Journal of Mammalogy, 81：344-359.
Cook, J. A., A. M. Runck and C. J. Conroy. 2004. Historical biogeography at the crossload of the northern continents: molecular phylogenetics of red-backed voles (Rodentia: Arvicolinae). Molecular Phylogenetics and Evolution, 30：767-777.
Dobson, M. 1994. Patterns of distribution in Japanese land mammals. Mammal Review, 24：91-111.
Dobson, M. and Y. Kawamura. 1998. Origin of the Japanese land mammal fauna: allocation of extant species to historically-based categories. The Quaternary Research, 37：385-395.
Emerson, B. C. and R. G. Gillespie. 2008. Phylogenetic analysis of community assembly and structure over space and time. Trends in Ecology and Evolution, 23：619-630.
遠藤秀紀．2002．哺乳類の進化．東京大学出版会，東京
Fabre, P.-H., L. Hautier, D. Dimitrov and E. J. P. Douzery. 2012. A glimpse on the pattern of rodent diversification: a phylogenetic approach. BMC Evolutionary Biology, 12：88.
Fortelius, M., J. Eronen, J. Jernvall, L. Liu, D. Pushkina, J. Rinne, A. Tesakov, I. Vislobokova, Z. Zhang and L. Zhou. 2002. Fossil mammals resolve regional patterns of Eurasian climate change over 20 million years. Evolutionary Ecology Research, 4：1005-1016.
Hata, S. 2011. Nesting characteristics of harvest mice (*Micromys minutus*) in three types of Japanese grasslands with different inundation frequencies. Mammal Study, 36：49-53.
Hedges, S. B. 2006. Palaeogeography of the Antilles and origin of West Indian terrestrial vertebrates. Annals of the Missouri Botanical Garden, 93：231-244.
Hewitt, G. M. 1996. Some genetic consequences of ice ages, and their role in divergence and speciation. Biological Journal of the Linnean Society, 58：247-276.
Hewitt, G. M. 2000. The genetic legacy of the Quaternary ice ages. Nature, 405：591-600.
Iwasa, M. A., Y. Utsumi, K. Nakata, I. V. Kartavtseva, I. A. Nevedomskaya, N.

Kondoh and H. Suzuki. 2000. Geographic patterns of cytochrome *b* and *Sry* gene lineages in gray red-backed vole, *Clethrionomys rufocanus* (Mammalia, Rodentia) from Far East Asia including Sakhalin and Hokkaido. Zoological Science, 16：477–484.

Iwasa, M. A., I. V. Kartavtseva, A. K. Dobrotvorsky, V. V. Panov and H. Suzuki. 2002. Local differentiation of *Clethrionomys rutilus* in northeastern Asia inferred from mitochondrial gene sequences. Mammalian Biology, 67：157–166.

Iwasa, M. A. and H. Suzuki. 2002. Evolutionary networks of maternal and paternal gene lineages in voles (*Eothenomys*) endemic to Japan. Journal of Mammalogy, 83：852–865.

Iwasa, M. A. and H. Suzuki. 2003. Intra- and interspecific genetic complexity of two *Eothenomys* species in Honshu, Japan. Zoological Science, 20：1305–1313.

Jaarola, M., N. Martínková, I. Gündüz, C. Brunhoff, J. Zima, A. Nadachowski, G. Amori, N. S. Bulatova, B. Chondropoulos, S. Fraguedakis-Tsolis, J. González-Esteban, M. José López-Fuster, A. S. Kandaurov, H. Kefelioğlu, M. da Luz Mathias, I. Villate and J. B. Searle. 2004. Molecular phylogeny of the speciose vole genus *Microtus* (Arvicolinae, Rodentia) inferred from mitochondrial DNA sequences. Molecular Phylogenetic and Evolution, 33：647–663.

金子之史．2006．ネズミの分類学——生物地理学の視点．東京大学出版会，東京

Kinoshita, G., M. Nunome, S.-H. Han, H. Hirakawa and H. Suzuki. 2012. Ancient colonization and within-island vicariance revealed by mitochondrial DNA phylogeography of the mountain hare (*Lepus timidus*) in Hokkaido, Japan. Zoological Science, 29：776–785.

Kohli, B. A., V. B. Fedorov, E. Waltari and J. A. Cook. 2015. Phylogeography of a Holarctic rodent (*Myodes rutilus*): testing high-latitude biogeographical hypotheses and the dynamic of range shifts. Journal of Biogeography, 42：377–389.

Lecompte, E., C. Denys and L. Granjon. 2005. Confrontation of morphological and molecular data: the *Praomys* group (Rodentia, Murinae) as a case of adaptive convergences and morphological stasis. Molecular Phylogenetics and Evolution, 37：899–919.

Lecompte, E., K. Aplin, C. Denys, F. Catzeflis, M. Chades and P. Chevret. 2008. Phylogeny and biogeography of African Murinae based on mitochondrial and nuclear gene sequences, with a new tribal classification of the subfamily. BMC Evolutionary Biology, 8：199.

Luo, J., D. Yang, H. Suzuki, Y. Wang, W.-J. Chen, K. L. Campbell and Y.-P. Zhang. 2004. Molecular phylogeny and biogeography of Oriental voles: genus *Eothenomys* (Muridae, Mammalia). Molecular Phylogenetics and Evolution, 33：349–362.

Meredith, R. W., J. E. Janečka, J. Gatesy, O. A. Ryder, C. A. Fisher, E. C. Teeling, A. Goodbla, E. Eizirik, T. L. L. Simão, T. Stadler, D. L. Rabosky, R. L. Honeycutt, J. J. Flynn, C. M. Ingram, C. Steiner, T. L. Williams, T. J. Robinson, A. Burk-Herrick, M. Westerman, N. A. Ayoub, M. S. Springer and W. J. Murphy. 2011. Impacts of the Cretaceous terrestrial revolution and KPg extinction on mammal diversification. Science, 334：521-524.

Michaux, J. R., P. Chevret, M.-G. Filippucci and M. Macholan. 2002. Phylogeny of the genus *Apodemus* with a special emphasis on the subgenus *Sylvaemus* using the nuclear IRBP gene and two mitochondrial markers: cytochrome *b* and 12S rRNA. Molecular Phylogenetics and Evolution, 23：123-136.

Musser, G. G. and M. D. Carleton. 2005. Superfamily Muroidea. *In*（Wilson, D. E. and D. M. Reeder, eds.）Mammal Species of the World 3rd ed. pp. 894-1531. The Johns Hopkins University Press, Baltimore.

Ohdachi, S. D., Y. Ishibashi, M. A. Iwasa and T. Saitoh. 2009. The Wild Mammals of Japan. Shoukadoh, Kyoto.

大嶋和雄．1991．第四紀後期における日本列島周辺の海水準変動．地学雑誌，100：967-975．

Oshida, T., A. Abramov, H. Yanagawa and R. Masuda. 2005. Phylogeographjy of the Russian flying squirrel (*Pteromys volans*): implication of refugia theory in arboreal small mammal of Eurasia. Molecular Ecology, 14：1191-1196.

Park, S.-C., D.-G. Yoo, C.-W. Lee and E.-I. Lee. 2000. Last glacial sea-level changes and paleogeography of the Korea (Tsushima) Strait. Geo-Marine Letters, 20：64-71.

Rowe, K. C., M. L. Reno, D. M. Richmond, R. M. Adkins and S. J. Steppan. 2008. Pliocene colonization and adaptive radiations in Australia and New Guinea (Sahul): Multilocus systematics of the old endemic rodents (Muroidea: Murinae). Molecular Phylogenetics and Evolution, 47：84-101.

Sakka, H., J. P. Quere, I. Kartavtseva, M. Pavlenko, G. Chelomina, D. Atopkin, A. Bogdanov and J. Michaux. 2010. Comparative phylogeography of four *Apodemus* species (Mammalia: Rodentia) in the Asian Far East: evidence of Quaternary climatic changes in their genetic signature. Biological Journal of Linnean Society, 100：797-821.

Sato, J. J. and H. Suzuki. 2004. Phylogenetic relationships and divergence times of the genus *Tokudaia* within Murinae (Muridae; Rodentia) inferred from the nucleotide sequences encoding the Cytb, RAG1, and IRBP. Canadian Journal of Zoology, 82：1343-1351.

Schenk, J. J., K. C. Rowe and S. J. Steppan. 2013. Ecological opportunity and incumbency in the diversification of repeated continental colonizations by muroid rodents. Systematic Biology, 62：837-864.

Serizawa, K., H. Suzuki and K. Tsuchiya. 2000. A phylogenetic view on species radiation in *Apodemus* inferred from variation of nuclear and mitochondrial genes. Biochemical Genetics, 38：27-40.

Serizawa, K., H. Suzuki, M. A. Iwasa, K. Tsuchiya, M. V. Pavlenko, I. V. Kartavtseva, G. N. Chelomina, N. Dokuchaev and S. H. Han. 2002. A spatial aspect on mitochondrial DNA genealogy in *Apodemus peninsulae* from East Asia. Biochemical Genetics, 40 : 149-161.

Steppan, S. J., R. M. Adkins, P. Q. Spinks and C. Hale. 2005. Multigene phylogeny of the old world mice, Murinae, reveals distinct geographic lineages and the declining utility of mitochondrial genes compared to nuclear genes. Molecular Phylogenetics and Evolution, 37 : 370-388.

Suzuki, H., J. J. Sato, K. Tsuchiya, J. Luo, Y.-P. Zhang, Y.-X. Wang and X.-L. Jiang. 2003. Molecular phylogeny of wood mice (*Apodemus*, Muridae) in East Asia. Biological Journal of the Linnean Society, 80 : 469-481.

Suzuki, H., S. P. Yasuda, M. Sakaizumi, S. Wakana, M. Motokawa and K. Tsuchiya. 2004. Differential geographic patterns of mitochondrial DNA variation in two sympatric species of Japanese woodmice, *Apodemus speciosus* and *A. argenteus*. Genes and Genetic Systems, 79 : 165-176.

Suzuki, H., M. G. Filippucci, G. N. Chelomina, J. J. Sato, K. Serizawa and E. Nevo. 2008. A biogeographic view of *Apodemus* in Asia and Europe inferred from nuclear and mitochondrial gene sequences. Biochemical Genetics, 46 : 329-346.

Wilson, D. E. and D. M. Reeder. 2005. Mammal Species of the World : A Taxonomic and Geographic Reference 3rd ed. The Johns Hopkins University Press, Baltimore.

Yasuda, S. P., P. Vogel, K. Tsuchiya, S.-H. Han, L.-K. Lin and H. Suzuki. 2005. Phylogeographic patterning of mtDNA in the widely distributed harvest mouse *Micromys minutus* suggests dramatic cycles of range contraction and expansion during the mid- to late Pleistocene. Canadian Journal of Zoology, 83 : 1411-1420.

2
日本のネズミ化石
第四紀齧歯類の古生物学的研究

西岡佑一郎

現在日本に生息する齧歯類は，第四紀の海水準が低下していた時期に大陸から渡来してきた．本州，四国，九州において，中期・後期更新世には現生種と絶滅種が共存していたが，後期更新世末から完新世の初頭にかけて起きた環境変化で多くの種が消滅した．また，四国にはハタネズミが生息していないが，近年の古生物調査によって化石がみつかり，その解析が進められている．琉球列島では，後期更新世以降の齧歯類化石群集が地域間で異なっており，各島が隔離されてから長い年月が経って固有種となった可能性を示す．本章では，これまで報告されてきた第四紀齧歯類化石の研究について，最近の研究と知見を取り入れながら総括していく．

2.1 本州，四国，九州の齧歯類化石

第四紀の更新世（約258万-1万2000年前）は氷河期ともいわれ，たび重なる海水準の低下にともなって日本列島はユーラシア大陸とつながった．齧歯類を含め多くの陸生哺乳類は，朝鮮半島との陸橋を経由して九州北部および本州西部へ渡来したと考えられている．陸橋の存在すなわち哺乳類の移入があったかどうかは，日本の第四紀哺乳類相の変化を追うことで推定されてきた．たとえば，長鼻類は海水準がもっとも低下したころに大陸で繁栄していた種が入れ替わり日本列島へ移入しており，約120万年前にトロゴンテリゾウ（*Mammuthus trogontherii*）の渡来，約63万年前にトウヨウゾウ（*Stegodon orientalis*）の渡来，約43万年前にナウマンゾウ（*Palaeoloxodon naumanni*）の渡来があったとされている（Kawamura and Taruno, 2000）．

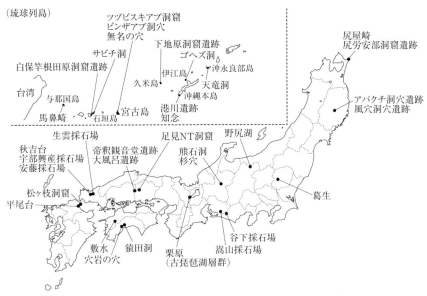

図 2.1 日本のおもな第四紀齧歯類化石産地．各産地の年代は表 2.1 を参照．

亀井ほか（1988）はこのような哺乳類化石にもとづいて，日本の第四紀哺乳類相を8つの分帯（Quaternary Mammalian Biozone；QM 帯）に区分し，QM1 帯を"前期更新世"の始まり（約 181 万-78 万年前），QM8 帯を完新世（約1万2000年前-現在）に対応させた．現在は第四紀の下限が古くなり，"前期更新世"とされていたものがジェラシアン期（約 258 万-181 万年前）とカラブリアン期（約 181 万-78 万年前）に分けられたが，本章では亀井ほか（1988）にしたがってカラブリアン期以降の分帯を用いる．

　本州，四国，九州において，現生齧歯類の化石は中期更新世以降の地層からみつかっている（図 2.1，表 2.1）．縄文時代以降の遺跡を含めれば，日本各地から齧歯類の化石（遺骸）が報告されているが，分類学的（古生物学的）に研究されてきた資料は限られている．表 2.2 にこれまで日本からみつかっている第四紀齧歯類化石を最近の分類学的知見にしたがって列挙した．これまでの報告で最古の化石記録は，滋賀県栗原に広がる古琵琶湖層群のQM3 帯に相当する地層（約 70 万-65 万年前）から産出したヒメネズミ（*Apodemus argenteus*）である．これは，日本を代表する野ネズミの一種が

表 2.1 日本の第四紀哺乳類化石産地と年代区分.

地質時代	哺乳類分帯		産　地
完新世		QM8帯	尻労安部洞窟遺跡 アバクチ・風穴洞穴遺跡 帝釈観音堂遺跡・大風呂遺跡 秋吉台狸穴 穴岩の穴 平尾台ウサギ穴 無名の穴（宮古島） ツヅピスキアブ洞窟（宮古島） サビチ洞の裂っか（石垣島） 白保竿根田原洞窟遺跡（石垣島） 馬鼻崎の裂っか（与那国島）
後期更新世	後期	QM7帯	尻労安部洞窟遺跡 アバクチ・風穴洞穴遺跡 野尻湖層 谷下採石場第5地点 嵩山採石場 熊石洞 帝釈観音堂遺跡・大風呂遺跡 敷　水 猿田洞 平尾台青龍窟・不動洞 港川遺跡（沖縄本島） 知念の裂っか（沖縄本島） 下地原洞窟遺跡（久米島） ピンザアブ洞穴（宮古島） 無名の穴（宮古島） 白保竿根田原洞窟遺跡（石垣島）
	前期	QM6帯	尻屋崎 上部葛生層 杉　穴 宇部興産採石場第2地点
中期更新世	後期	QM5帯	宇部興産採石場第1, 3, 4地点
	中期	QM4帯	下部葛生層 足見NT洞窟 安藤採石場 生雲採石場 松ヶ枝洞窟
	前期	QM3帯	古琵琶湖層群

2.1 本州，四国，九州の齧歯類化石

表 2.2 日本の第四紀齧歯類と産出層準．＊印は絶滅種または日本に生息していない種．

和　名	学　名	中期更新世			後期更新世		完新世	
		QM3	QM4	QM5	QM6	QM7	QM8	現在
本州，四国，九州								
ニホンリス	*Sciurus lis*		○	○		○	○	○
ムササビ	*Petaurista leucogenys*		○	○	○	○	○	○
ニホンモモンガ	*Pteromys momonga*		○	○	○	○	○	○
ヤマネ	*Glirulus japonicus*		○		○	○	○	○
＊ニホンムカシヤチネズミ	*Clethrionomys japonicus*		○	○				
＊ヤチネズミ属とスミスネズミ属の移行型の種類	*Clethrionomys -Phaulomys* transitional form				○	○		
ヤチネズミ	*Phaulomys andersoni*[1]				○		○	○
スミスネズミ	*Phaulomys smithii*[2]				○		○	○
ハタネズミ（本州，九州）	*Microtus montebelli*			○	○		○	○
＊ハタネズミ（四国）	*Microtus montebelli*					○		
＊ニホンムカシハタネズミ	*Microtus epiratticepoides*		○	○				
＊ブランティオイデスハタネズミに近似の種類	*Microtus* cf. *brandtioides*		○					
＊キヌゲネズミ属の一種	*Cricetulus* sp.		○					
＊モリレミング	*Myopus schisticolor*		○					
＊レミング属またはモリレミング属の一種	*Lemmus* or *Myopus* sp.				○			
カヤネズミ	*Micromys minutus*		○				○	○
アカネズミ	*Apodemus speciosus*		○	○	○		○	○
ヒメネズミ	*Apodemus argenteus*	○	○	○	○		○	○
ドブネズミ	*Rattus norvegicus*[3]				○		○	○
クマネズミ属の一種	*Rattus* sp.		○					
沖縄本島・久米島・伊江島								
トゲネズミ属の一種	*Tokudaia* sp.[4]				○		○	○
ケナガネズミ	*Diplothrix legata*				○		○	○
宮古島								
＊ヨシハタネズミ	*Microtus fortis*				○	○		
＊ミヤコムカシネズミまたはケナガネズミ属の一種	*Rattus miyakoensis* or *Diplothrix* sp.				○	○		
クマネズミ	*Rattus rattus*						○	○
石垣島・与那国島								
＊シロハラネズミ属の一種	*Niviventer* sp.				○		○	
ハツカネズミ	*Mus musculus*						○	○

[1] *Phaulomys* cf. *andersoni* を含む．
[2] *Phaulomys* cf. *smithii* を含む．
[3] *Rattus* cf. *norvegicus*, *Rattus* aff. *norvegicus* を含む．
[4] 沖縄本島産の "*Tokudaia osimensis*" と記載された化石．

すでに種分化していたことを示す重要な証拠である（Kawamura and Iida, 1989）．

中期更新世の化石産地は中国・九州地方に多い．山口県は秋吉台で知られているとおり，石灰岩地帯が広がっている．こうした石灰岩の割れ目（裂っか）には第四紀の堆積物が詰まっており，齧歯類のような陸生哺乳類の化石が含まれることもある．中期更新世のQM4帯（約50万-30万年前）に相当する生雲採石場と安藤採石場，およびQM5帯（約30万-13万年前）に相当する宇部興産採石場第1, 3, 4地点からは，本州，四国，九州に分布するおもな齧歯類の化石がみつかっている（表2.2; 長谷川，1966; Kowalski and Hasegawa, 1976; Kawamura, 1988, 1989; 河村，1991）．

福岡県北九州市の松ヶ枝洞窟や岡山県阿哲台の足見NT洞窟もQM4帯の化石群集を産出することで知られており，アカネズミ（*Apodemus speciosus*）やヒメネズミ（*A. argenteus*）などがみつかっている（稲田・河村，2004; Ogino et al., 2009）．また，東日本では栃木県の葛生が中期・後期更新世の化石産地とされており，西日本と同様の齧歯類化石群集が報告されてきた（長谷川，1966; Kowalski and Hasegawa, 1976）．これらの現生齧歯類がいつ日本へ渡来したのかは化石の産出年代に依存する．たとえば，QM3帯からみつかっているヒメネズミは約120万年前かそれ以前の陸橋を介して渡来した可能性が高く，QM5帯に現れたハタネズミ（*Microtus montebelli*）は約43万年前の陸橋で渡来したと推定される．

中期・後期更新世の化石産地からは絶滅種も発見されている（表2.2）．ニホンムカシハタネズミ（*M. epiratticepoides*）とブランティオイデスハタネズミに近似の種類（*M.* cf. *brandtioides*）は中期更新世の中期（QM4帯）から西日本に生息していたミズハタネズミ亜科（Arvicolinae）の絶滅種で，それぞれの近縁種（または同種）が東アジア大陸部の同年代の地層からみつかっている（図2.2）．ニホンムカシハタネズミは上顎第三後臼歯（M^3）および下顎第一後臼歯（M_1）の形態でハタネズミ属のほかの種と区別できるが，M_1の形態は現在北半球に広く分布しているツンドラハタネズミ（*M. oeconomus*）にも比較的似ている（Kawamura, 1988）．

現在，本州と九州に生息しているハタネズミ（*M. montebelli*）は中期更新世の後期（QM5帯）に出現し，先に渡来したニホンムカシハタネズミや

2.1 本州，四国，九州の齧歯類化石

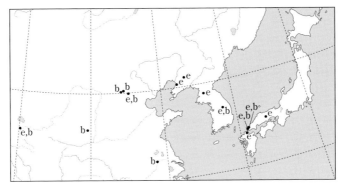

図 2.2 中期更新世における東アジアのハタネズミ属（*Microtus*）の分布（Kawamura, 1988 より改変）．地図上の "e" は *M. epiratticeps*（大陸種）と *M. epiratticepoides*（日本の種），"b" は *M. brandtioides*（大陸種）と *M.* cf. *brandtioides*（日本の種）の産地を示す．

ブランティオイデスハタネズミに近似の種類と置き換わって優勢な種となった．これらハタネズミ属3種は後期更新世の間に九州から本州最北端（尻屋崎）まで放散したが，ニホンムカシハタネズミとブランティオイデスハタネズミに近似の種類はハタネズミの増加にともなって個体数を減らし，後期更新世末までに絶滅した（Kawamura, 1988）．

ヤチネズミ属（*Clethrionomys*）とスミスネズミ属（*Phaulomys*）も日本を代表する野ネズミの仲間で，ミズハタネズミ亜科に分類される．現生種では，スミスネズミ属をビロードネズミ属（*Eothenomys*）に分類する，または両属とも *Myodes* に含めるという見解もあるが（Musser and Carleton, 2005），本章では Kawamura（1988）による古生物学的見解にしたがい，ヤチネズミ属（*Clethrionomys*）とスミスネズミ属（*Phaulomys*）を用いる．

ヤチネズミ属は大陸北方系の種で，日本には北海道にタイリクヤチネズミ（*C. rufocanus*），ムクゲネズミ（*C. rex*），ヒメヤチネズミ（*C. rutilus*）の3種が生息している．これらの種は基本的に，更新世の間にサハリン（樺太）を経由して北海道へ渡来した動物群の一部と考えるのが自然であるが，北海道から齧歯類化石がほとんど発見されていないため，渡来時期などはよくわかっていない．本州西部の中期更新世（QM4帯，QM5帯），東北部の後期更新世（QM6帯，QM7帯）それぞれの地層からヤチネズミ属の絶滅種とされるニホンムカシヤチネズミ（*C. japonicus*）が報告されている（Kowalski

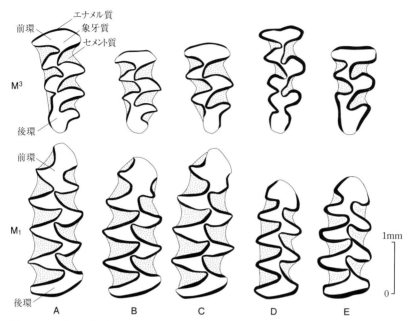

図 2.3 ミズハタネズミ亜科の右上顎第三後臼歯と右下顎第一後臼歯の咬合面比較．A：ハタネズミ（猿田洞産），B：ニホンムカシハタネズミ（猿田洞産），C：ブランティオイデスハタネズミに近似の種類（猿田洞産），D：スミスネズミに近似の種類（猿田洞産），E：ニホンムカシヤチネズミ（宇部興産採石場第3地点産）（Kawamura, 1988, 1989 より改変）．

and Hasegawa, 1976；Kawamura, 1988；河村，2003；河村ほか，2015）．ニホンムカシヤチネズミは北海道に生息する3種のヤチネズミ属と同属であるが，歯の咬合面の特徴はスミスネズミ属にも類似している．

　ミズハタネズミ亜科の臼歯を咬合面から観察すると，三角形をしたエナメル・象牙質の構造（三角紋）が前後にいくつも並んだギザギザ模様をしている（図2.3）．ヤチネズミ属とスミスネズミ属は，この臼歯の咬合面パターンがとてもよく似ている（図2.3D, E）．臼歯を側面または歯茎部（歯ぐき側）から観察すると，スミスネズミ属は歯茎部が完全に開いており歯根をもたない．ヤチネズミ属の臼歯も若い個体ではスミスネズミ属のように歯茎部が開いた構造をしているが，成長にともなって歯根が発達し，歯茎部が閉じていく．本州中部の後期更新世の産地からは，ヤチネズミ属とスミスネズミ属の中間的な特徴をもった，ヤチネズミ属とスミスネズミ属の移行型の種類

(*Clethrionomys-Phaulomys* transitional form）が記載された．この化石種は，ヤチネズミ属の特徴である歯根の消失が不完全で過渡的な段階にあることなどから，本州，四国，九州に分布するスミスネズミ属へつながる系統ではないかと示唆されてきた（Kawamura, 1988）．

現在，スミスネズミ属は本州中部以東および紀伊半島南部に分布するヤチネズミ（*Phaulomys andersoni*）と本州中部以西に分布するスミスネズミ（*P. smithii*）に分類されている．化石記録にもとづくと，ヤチネズミとスミスネズミはそれぞれ後期更新世の前期（QM6帯）と後期更新世の後期（QM7帯）に出現している（表2.2）．Kawamura（1988）は当時，絶滅種であるニホンムカシヤチネズミの産出が本州西部の中期更新世に限られていることなどから，後期更新世以降はヤチネズミ属とスミスネズミ属の移行型の種類を経過して現生種のヤチネズミとスミスネズミに分化したと考えた．しかし，現生のヤチネズミ属とスミスネズミ属の臼歯は歯根の有無を除いて明確に区別できないため，成長段階によって歯根のない（または発達途中の）ヤチネズミ属は，スミスネズミ属や中間的な種との区別が曖昧になる．近年，東北地方からみつかった齧歯類化石の分析が進み，この地域ではニホンムカシヤチネズミが後期更新世の後期（QM7帯）まで残存し，さらにヤチネズミまたはスミスネズミと共存していたことが明らかにされた（河村，2003; 河村ほか，2015）．ヤチネズミ属とスミスネズミ属の系統関係および進化史についてはまだわからない点も多く，今後も継続的な調査が必要であろう．

中国地方の中期・後期更新世の産地からはキヌゲネズミ属の一種（*Cricetulus* sp.）とレミング類（*Myopus schisticolor*, *Lemmus* or *Myopus* sp.）の化石がみつかっている（Kowalski and Hasegawa, 1976; 河村，1991; 丹羽・河村，2001）．前者はキヌゲネズミ科に属するいわゆるハムスターで，野生種がユーラシア大陸に広く分布している．また，モリレミング（*M. schisticolor*）を含むレミング類は大陸北方系のミズハタネズミ亜科の齧歯類で，タビネズミ（旅鼠）という別名をもつとおり，大量増殖と集団移動を繰り返す習性がある．キヌゲネズミ属の一種もモリレミングも，基本的には本州西部の中期更新世の中期（QM4帯）からのみみつかっている．一方，丹羽・河村（2001）は広島県帝釈大風呂遺跡に堆積した後期更新世の後期（QM7帯）の地層からレミング類（*Lemmus* or *Myopus* sp.）の化石を発見した．

このようなレミング類は中期更新世からの生き残りというよりも，大陸とつながるたびに陸橋を介して放散してきた一時的な移入者であると解釈されている．

中期・後期更新世において本州，四国，九州には現在よりも多くの種類の齧歯類が生息していた．これまでに報告された絶滅種は，アカネズミやクマネズミのようなネズミ亜科ではなく，ハタネズミやモリレミングのようなミズハタネズミ亜科に限られており，これらはすべて後期更新世末までに絶滅している．一般に，ミズハタネズミ亜科に属する齧歯類はレミング類に限らず，多くの種で大量増殖と集団移動を定期的に繰り返す生態が知られており，一時的に存在した陸橋でも渡ることができたのかもしれない．日本に生息していたニホンムカシハタネズミやニホンムカシヤチネズミは，後期更新世末の最終氷期最寒冷期から完新世初頭（約2万-1万年前）の急激な温暖化の時期に絶滅したことが明らかにされている（河村ほか，2015）．後期更新世以降に現生種のハタネズミやスミスネズミ，ヤチネズミが増加する一方，ニホンムカシハタネズミとニホンムカシヤチネズミは徐々に個体数を減少させた結果，絶滅にいたったのではないだろうか．

2.2　四国で絶滅したハタネズミの謎

ハタネズミ（*Microtus montebelli*）は本州と九州で普通にみかける野ネズミの一種であるが，四国と紀伊半島南部には生息していない．更新世の間は本州，四国，九州が陸橋でつながっていたため，本州と九州に生息していたニホンムカシハタネズミ（*M. epiratticepoides*）やハタネズミは四国にも当然渡来したはずである．しかし，四国からはハタネズミの現生個体群だけではなく，化石や遺骸もみつかっていなかった（金子，1982; Kawamura, 1988）．

四国には完新世の遺跡がいくつもあるが，更新世の哺乳類化石産地はあまりない．愛媛県大洲市（当時，肱川町）にあった敷水採石場から，ハタネズミ同様，四国にだけ生息していないカワネズミ（*Chimarrogale platycephalus*）を含む後期更新世（QM7帯？）の哺乳類化石群集が報告された（長谷川，1966）．敷水採石場からみつかった齧歯類化石については最新の古生物

学的知見にもとづいて再検討すべきではあるが、ムササビ（*Petaurista leucogenys*）、ヤチネズミ属の一種（*Clethrionomys* sp.）、アカネズミ属の一種（*Apodemus* sp.）、クマネズミ属の一種（*Rattus* sp.）などが含まれている。また、愛媛県上黒岩岩陰遺跡の最下部層は後期更新世末の化石群集を含んでいるが、ハタネズミ属はいまのところ発見されていない。

2009年に筆者は高知県日高村の猿田洞を調査し、洞内の裂っか堆積物から数千点の哺乳類化石とともにハタネズミの臼歯を発見した（西岡・河村、2012）。ハタネズミ属もヤチネズミ属やスミスネズミ属のように三角紋が並んだ臼歯をしているが、これらの属と比べると三角紋の外形が比較的シャープで交互に配列し、各三角紋の間が狭く閉じており、側面の凹部にセメント質がよく発達して歯根をもたない（図2.3A, B, C）。また、臼歯の前環と後環に挟まれた閉じた三角紋は、上顎第三後臼歯（M^3）で3個、下顎第一後臼歯（M_1）で4個以上もつ（Kawamura, 1988）。猿田洞の化石群集からは、ハタネズミに加えてニホンムカシハタネズミとブランティオイデスハタネズミに近似の種類（*M.* cf. *brandtioides*）もみつかり、本州や九州と同じように、かつて四国にも3種のハタネズミ属が共存していたことがわかった。

猿田洞の化石群集のなかから採取されたシカ属の一種（*Cervus* sp.）の末節骨を用いて放射性炭素（^{14}C）年代測定を行った結果、約3万3000年前の^{14}C年代値を示した。また、猿田洞から産出した化石群集は絶滅種のニホンムカシハタネズミやカズサジカ（*Cervus kazusensis*）を含むものの、本州西部の中期更新世の哺乳類相として特徴づけられるニホンモグラジネズミ（*Anourosorex japonicus*）やハリネズミ属の一種（*Erinaceus* sp.）、ニホンムカシヤチネズミ（*Clethrionomys japonicus*）、モリレミング（*Myopus schisticolor*）などを含まないため、後期更新世を示した年代値は妥当である。したがって、猿田洞から発見された化石群集は後期更新世後期（QM7帯）の哺乳類相と推定された。

猿田洞からこれまでみつかった齧歯類化石はアカネズミ（*Apodemus speciosus*）とスミスネズミに近似の種類（*Phaulomys* cf. *smithii*）が大半で、その他ヒメネズミ（*Apodemus argenteus*）、ムササビ属の一種（*Petaurista* sp.）、ニホンモモンガ（*Pteromys momonga*）が含まれており、ハタネズミ属を除けば現在の四国の動物相と差がない。また、本州および九州の後期更

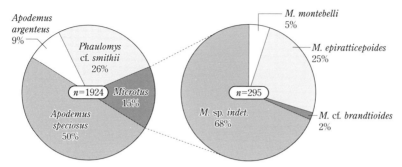

図 2.4　高知県猿田洞産の齧歯類化石（顎歯標本）の産出標本数（n）と割合．

新世の哺乳類化石群集と比較すると，若干の違いがみられるものの基本的には類似しているため，当時は本州，四国，九州の哺乳類相が共通していたことがわかる．

　猿田洞からみつかったハタネズミ属 3 種それぞれの産出標本数に注目すると，ハタネズミ属内ではニホンムカシハタネズミの割合が圧倒的に高かった（図 2.4）．本州の場合，中期更新世の後期まではニホンムカシハタネズミが優占的であったが，後期更新世以降ニホンムカシハタネズミの産出数はハタネズミよりも低下する（Kawamura, 1988）．一方，猿田洞の化石群集はニホンムカシハタネズミの割合がハタネズミの 5 倍近く占めており，これが後期更新世の化石群集と考えると，本州の傾向とは明らかに異なっていた．

　猿田洞の 10 km 西，佐川町に穴岩の穴という別の洞窟がある．この洞窟からも哺乳類化石がみつかっており，猿田洞の調査と同時に化石の発掘調査を進めてきた．穴岩の穴から産出した哺乳類化石群集は，すべて現在四国に生息している種で構成されており，さらに縄文人と思われる歯や石器の剥片などヒトが生活していた痕跡もみつかっている（西岡，2015）．この化石群集は約 9500-8300 年前（縄文早期）の ^{14}C 年代値が示され，完新世初頭の化石群集だと判明した．穴岩の穴からは 100 点以上の齧歯類化石が得られているが，ハタネズミ属がまったく含まれていないことから，四国（少なくとも高知県中部）のハタネズミ属 3 種は後期更新世末までに絶滅した可能性が高い．

　四国のハタネズミの絶滅要因はまだ明らかではないが，少なくとも現在のハタネズミは平野部や農耕地に生息しているため，四国の特異的な地形と植

生がハタネズミの生息環境として適さなかったのではないだろうか．もしくは，猿田洞の化石群集の構成からもわかるとおり，四国南部に生息したハタネズミはもともと少なく，後期更新世末の環境変化にともなってほかのハタネズミ属とともに絶滅したのかもしれない．いずれにしても，四国のハタネズミ属の絶滅プロセスを解明するためには，今後も化石試料を蓄積していく必要がある．

2.3　琉球列島の齧歯類化石

　琉球列島には第四紀に形成されたサンゴ礁由来の石灰岩が広域に分布しているため，哺乳類化石の産地となる洞窟や裂っかが多い．沖縄本島の赤木又は更新世カラブリアン期の哺乳類化石群集の産地として知られており，大型の齧歯類がみつかっている（大塚，2002）．近年，沖縄本島の赤木又（カラブリアン期）と読谷（中期更新世）の地層から地域固有種であるケナガネズミ（*Diplothrix legata*）やトゲネズミ（*Tokudaia* spp.）に類似した齧歯類の化石が報告された（河村・小澤，2009）．さらに，中国東部安徽省の人字洞（ジェラシアン期の地層）からもケナガネズミに近縁の *D. yangziensis* が記載され，前期・中期更新世における琉球列島と大陸の関係が少しずつ明らかにされてきたところである（Wang *et al.*, 2010）．

　後期更新世以降の化石産地は琉球列島各地から知られている．沖縄本島の港川や宮古島のピンザアブ（山羊洞）からは旧石器人類がみつかっており，これら人類化石とともに齧歯類のような小型哺乳類の化石が密集して産出することもある．港川遺跡の ^{14}C 年代約 1 万 8000–1 万 7000 年前の堆積物からは，トゲネズミ（*T. "osimensis"*）とケナガネズミ（*D. legata*）の化石が発見された（長谷川，1980；Kawamura, 1989；大塚ほか，2008）．また，本島南東部の知念村（旧佐敷町）にある裂っか堆積物（暦年約 2 万 3000 年前）から，陸貝化石とともに *T. "osimensis"* が産出した（Azuma, 2007）．本島以外では，伊江島のゴヘズ洞（更新世？）からも産出報告がある（長谷川ほか，1978）．現在，トゲネズミは沖縄本島のオキナワトゲネズミ（*T. muenninki*），奄美大島のアマミトゲネズミ（*T. osimensis*），徳之島のトクノシマトゲネズミ（*T. tokunoshimensis*）と島ごとに種が分かれているが，沖縄本

島からトゲネズミの化石が報告された当時はすべて同一種（*T. "osimensis"*）として認識されていたため，最新の分類学的知見にもとづいて化石種の分類を見直す必要がある．

ケナガネズミは沖縄本島，奄美大島，徳之島にのみ生息しており，クマネズミ属（*Rattus*）に近縁な大型の齧歯類である．沖縄本島からの化石記録は乏しいが，港川遺跡に加え，知念町の裂っか堆積物からもみつかっている（加藤，2006）．現在，ケナガネズミはほかの離島に生息が確認されていないが，化石はみつかっている．沖縄本島西方に位置する久米島の下地原洞穴（^{14}C 年代約 1 万 5000 年前）からはリュウキュウジカとともに，ケナガネズミの化石が報告された（Oshiro and Nohara, 2000）．伊江島からもトゲネズミとともにケナガネズミも発見されている（長谷川ほか，1978）．沖縄本島と奄美大島の間に位置する沖永良部島の天竜洞からは，産出年代が不明であるものの，ケナガネズミに匹敵するサイズの齧歯類の大腿骨がみつかっている（西岡ほか，2007）．更新世のカラブリアン期および中期からみつかっている化石と，後期更新世以降に出現するトゲネズミおよびケナガネズミが同種であるかはまだ明らかにされていないが，少なくともこれらの齧歯類が後期更新世以前から琉球列島に存在したのは確かである．

宮古島のピンザアブ洞穴（^{14}C 年代約 2 万 7000-2 万 6000 年前の堆積物）からは齧歯類の化石が 1 万点近く産出している．化石群集のなかにはケナガネズミに類似したミヤコムカシネズミ（*Rattus miyakoensis*）とヨシハタネズミ（*Microtus fortis*）が含まれており，ほかの島にはみられない宮古島独特の動物相と考えられてきた（長谷川，1985；金子，1985；Kaneko and Hasegawa, 1995；Kawaguchi *et al.*, 2009）．

宮古島の別の洞窟，無名の穴（^{14}C 年代約 2 万 4000-9000 年前の堆積物）およびツヅピスキアブ洞窟（^{14}C 年代約 8700 年前の堆積物）からもケナガネズミ属の一種（*Diplothrix* sp.）とヨシハタネズミの化石が多くみつかっている（Kawamura and Nakagawa, 2009；Nakagawa *et al.*, 2012；河村・河村，印刷中）．これらの洞窟から採取されたケナガネズミ属の一種は，Kawaguchi *et al.* (2009) によるミヤコムカシネズミと同種であると考えられるが，Kawamura and Nakagawa (2009) は現生のケナガネズミとの系統関係を考慮し，クマネズミ属ではなくケナガネズミ属に分類した．いずれの研究でも，

宮古島の化石種が現生のケナガネズミとは異なるという見解では一致している．

ピンザアブ洞穴からみつかったヨシハタネズミの化石は無名の穴からも260点以上の標本が産出している（Nakagawa et al., 2012）．ヨシハタネズミは現在，バイカル湖南部からロシア極東部，中国内陸部，朝鮮半島と広範囲にわたって分布している現生種である．日本本土（本州，四国，九州）からは3種のハタネズミ属（ハタネズミ，ニホンムカシハタネズミ，ブランティオイデスハタネズミに近似の種類）が知られているが，ヨシハタネズミは下顎第一後臼歯（M_1）の前環の形態が比較的単純であることなどから，これらの種と区別されている（Kawamura and Nakagawa, 2009）．

宮古島からみつかっているミヤコムカシネズミ（ケナガネズミ属の一種）やヨシハタネズミは琉球列島のほかの島から発見されておらず，これらの齧歯類がどのようにして大陸から渡来してきたのか長年議論されてきた．当初は，地質学者や古生物学者の多くが，後期更新世（最終氷期最寒冷期）の海水準低下によって，琉球列島全体が台湾および大陸と地続きになっていたというモデルを想定しており，ヨシハタネズミのような大陸の種はこの大きな陸橋を渡ってきたと考えられてきた．しかし，実際に後期更新世に存在した陸橋はより小さく限定的なもので，大陸と琉球列島をつなぐようなものではなかったという考えが現在は通説である（鎮西・町田，2001；河村，2014）．

宮古島の西方には，琉球列島の最西端を構成する八重山諸島が並ぶ．これらの島々は大陸や台湾からも比較的近いため，過去の動物相の渡来を議論するうえで欠かせない地域であるが，八重山諸島から齧歯類化石は最近までほとんど報告されていなかった．石垣島石城山の裂っか堆積物から産出したクマネズミ（*Rattus rattus*）が唯一の化石記録であり，リュウキュウジカを含む更新世の動物相と推察されていた（長谷川・野原，1978）．

過去の八重山諸島に生息していた齧歯類群集が，宮古島あるいは大陸の同年代の化石群集とどのような関係にあったのかを明らかにするため，筆者は石垣島と与那国島を中心に齧歯類化石の調査を進めてきた．石垣島のサビチ洞および同じ石灰岩帯に形成された裂っかからは完新世以降と思われる哺乳類化石群集がみつかっており，そのなかにクマネズミ属に類似した齧歯類の化石が含まれていた．また，与那国島の馬鼻崎にある石灰岩の裂っか堆積物

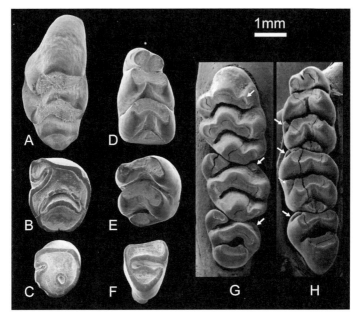

図 2.5 与那国島馬鼻崎産のシロハラネズミ属の一種（A-F：Nishioka et al., 2016）と現生クマネズミ（G, H：Musser, 1981 より改変）の臼歯（走査型電子顕微鏡写真）の咬合面比較. A：左上顎第一後臼歯, B：左上顎第二後臼歯, C：左上顎第三後臼歯, D：右下顎第一後臼歯, E：右下顎第二後臼歯, F：右下顎第三後臼歯, G：左上顎第一-三後臼歯, H：左下顎第一-三後臼歯.

からも，サビチ洞からみつかった化石種と同じ形態をしたものが何点も得られた．これらを現生のクマネズミおよびドブネズミ（*Rattus norvegicus*）と比較したところ，石垣島と与那国島の化石種はクマネズミ属とは異なり，臼歯の外形が全体的に細長く高歯冠で，周縁部にある咬頭や結節があまり発達していないことがわかった（図 2.5 の矢印部分）．

　同じころ，石垣島の白保地域に新石垣空港を建設するため，地盤の測量および古生物調査を行っていたところ，人骨とともに大量の齧歯類化石がみつかった．採取された人骨は放射性炭素年代測定によって後期更新世（^{14}C 年代約 2 万-1 万 6000 年前）の旧石器人類であることが明らかになり（Nakagawa *et al.*, 2010），その後は白保竿根田原洞穴遺跡と命名されて本格的な発掘調査に移行した．

白保竿根田原洞穴遺跡の後期更新世と完新世の堆積物から産出した齧歯類化石は，東南アジアから中国にかけて生息しているシロハラネズミ属の一種（*Niviventer* sp.）に分類された（河村・河村，2013）．この発見により石垣島のシロハラネズミ属の形態的特徴が明らかになり，サビチ洞や馬鼻崎からみつかっていた齧歯類も同種であることが確認できた（Nishioka *et al.*, 2016）．おそらく，このシロハラネズミ属の一種が後期更新世から完新世初頭にかけて八重山諸島一帯に分布していたのではないかと推察される．

　白保竿根田原洞穴遺跡からは2000点以上の齧歯類化石が採取されているが，完新世の層準からハツカネズミ（*Mus musculus*）とクマネズミ属の一種（*Rattus* sp.）が数点みつかっている点を除くと，ほとんどすべてシロハラネズミ属の一種である（河村・河村，2013）．沖縄本島を中心に分布するトゲネズミやケナガネズミ，宮古島から多産しているヨシハタネズミとミヤコムカシネズミはまったく含まれていないことからも，後期更新世以降これらの島々は完全に孤立し，地域固有の異なる動物相だったのではないだろうか．

2.4　家ネズミの化石記録

　日本の家ネズミ（住家生齧歯類）は，ハツカネズミ（*Mus musculus*），クマネズミ（*Rattus rattus*），ドブネズミ（*R. norvegicus*）の3種がそれに該当し，家屋や下水道など人工的な建物をすみかとしている．これらの家ネズミは，その生活スタイルがヒトと密接に結びついているとともに，実験動物やペットとしても用いられることから，一般的にヒトの活動（船による移動など）にともなって分布を拡大させたといわれている．家ネズミの渡来時期とルート，および人為的な移入なのか自然分布なのかといった点はネズミ研究者の間で議論の的とされてきた．

　家ネズミの化石記録は，ほかの野ネズミ（アカネズミやハタネズミなど）と比べると比較的少ない．ハツカネズミの化石は本州，四国，九州からみつかっておらず，琉球列島の完新世以降からしか報告されていない．石垣島の白保竿根田原洞穴における完新世の層準からはハツカネズミが数点発見されており，いずれもオキナワハツカネズミ（*M. caroli*）とは区別されている

（河村・河村，2013；Kawamura, 2016）．また，与那国島の馬鼻崎からもハツカネズミの上顎骨が1点みつかっており，咬板下部の結節の発達が強いことなどからオキナワハツカネズミと異なっていた（Nishioka et al., 2016）．宮古島の無名の穴（^{14}C年代約8900年前の堆積物）からはハツカネズミ属の一種がみつかっているが，種は明らかではない．白保竿根田原洞穴から産出した齧歯類化石群集にもとづくと，石垣島のハツカネズミは完新世初頭に出現したようだが，在来のシロハラネズミ属の一種（*Niviventer* sp.）のほうが優占的だったため，ハツカネズミの移入はシロハラネズミ属の生態にほとんど影響をおよぼさなかったのではないかと示唆されている（Kawamura, 2016）．馬鼻崎でもやはりシロハラネズミ属の割合が多く，同様のケースが示唆された．

クマネズミ属の化石は本州から産出しているが，クマネズミとドブネズミの臼歯は基本的に上顎第一後臼歯の形態で区別されるため，種同定の困難な標本が多い．最古の化石記録は中期更新世とされており，山口県の宇部興産第4地点（QM5帯）と岡山県の足見NT洞窟（QM4帯）からドブネズミに近似の種類（それぞれ *Rattus* aff. *norvegicus*, *R*. cf. *norvegicus*）が，山口県の生雲採石場（QM4帯）からクマネズミ属の一種（*Rattus* sp.）が発見されている（長谷川，1966；Kowalski and Hasegawa, 1976；Kawamura, 1989；稲田・河村，2004）．宇部興産第4地点の化石種は，現生のドブネズミよりも若干小型であるものの，上顎第一後臼歯のエナメルパターンはドブネズミとよく類似しており，クマネズミと異なる．また，中国や朝鮮半島の中期更新世からドブネズミとクマネズミの化石が多くみつかっている（Kawamura, 1989）．したがって，少なくとも初期のドブネズミの系統はアカネズミなどと同様に，中期更新世以前から日本列島に生息していた可能性が高い．後期更新世には，ドブネズミが本州最北端の尻屋崎まで到達していたことが化石記録から示されているが（長谷川，1966；Kowalski and Hasegawa, 1976），その産出頻度にもとづくと，ドブネズミやクマネズミが本格的に分布を拡大させたのは，完新世以降だろう．

琉球列島からもクマネズミ属の化石がみつかっている．長谷川・野原（1978）は石垣島の石城山（後期更新世の裂っか堆積物）からクマネズミの化石を報告しているが，最近みつかったシロハラネズミ属の一種の可能性も

ある．この産出報告を除くと，石垣島（白保竿根田原洞穴）と宮古島（無名の穴）からクマネズミ属の一種がみつかっており（河村・河村，2013；Kawamura, in press），ハツカネズミと同様いずれも完新世の層準に限られていることから，島嶼間を人類が行き来する過程で侵入したのかもしれない．

現在，宮古島や石垣島，与那国島に生息する齧歯類は家ネズミだけであるが，石垣島と与那国島では完新世の後期までシロハラネズミ属の一種が残存していたと考えられている（河村・河村，2013；Nishioka et al., 2016）．なぜシロハラネズミ属が絶滅し，クマネズミやハツカネズミと入れ替わったのか，その原因はまだ明らかにされていない．

2.5 今後の化石研究に向けて

日本の第四紀哺乳類化石産地のほとんどは中期更新世以降であるため，齧歯類がいつどうやって日本列島にやってきたのかという問題に簡単には答えられない．化石の研究は，断片的な記録をパズルのように組み立てていく作業の繰り返しであり，新しいピースがみつかればストーリーが1つつながる．ロマンの追求などといえばかっこいいが，実際には荒野や洞窟で1つずつ化石の有無を検証していく地道かつ古典的な作業である．長年みつからなかった四国のハタネズミが最近になってようやく発見されたのも偶然ではなく，これまで多くの研究者がしらみつぶしに化石産地を探しまわった結果なのだ．日本列島には，北海道や東北地方のように，齧歯類の化石がほとんどみつかっていない地域がまだある．古典的な博物学の手法であるものの，こうした化石記録の空白を発掘調査と標本の記載分類によって埋めていくことが今後も必要不可欠である．

引用文献

Azuma, Y. 2007. Three new species of terrestrial Mollusca from fissure deposits within the Ryukyu Limestone in Okinawa and Yoron islands, Japan. Paleontological Research, 11：231-249.

鎮西清高・町田洋．2001．日本の地形発達史．（米倉伸之・貝塚爽平・野上道男・鎮西清高，編：日本の地形1　総説）pp. 297-236．東京大学出版会，東京．

長谷川善和．1966．日本の第四紀小型哺乳動物化石相について．化石，11：31-

40.

長谷川善和．1980．琉球列島の後期更新世〜完新世の脊椎動物．第四紀研究，18 (4)：263-267．

長谷川善和．1985．ピンザアブ洞穴産出のヤマネコ・コウモリ類・ケナガネズミ．沖縄県文化財調査報告書第 68 集　ピンザアブ　ピンザアブ洞穴発掘調査報告：83-91．

長谷川善和・野原朝秀．1978．石垣市石城山動物遺骸群集の概要．沖縄県文化財調査報告書第 15 集　石城山　緊急発掘調査概報：49-78．

長谷川善和・野原朝秀・野苅家宏・小野慶一．1978．ゴヘズ洞の獣類遺骸群集．伊江村文化財調査報告書第 5 集　沖縄県伊江島ゴヘズ洞の調査——第 2 次概報：8-17．

稲田孝司・河村善也．2004．岡山県新見市足見で発見された中期更新世洞窟堆積物とその哺乳類化石群集．第四紀研究，43(5)：331-344．

亀井節夫・河村善也・樽野博幸．1988．日本の第四系の哺乳動物化石による分帯．地質学論集，30：181-204．

金子之史．1982．ネズミによる生物分布研究への一つのアプローチ．哺乳類科学，43-44：145-160．

金子之史．1985．宮古島産出のハタネズミ亜科臼歯化石．沖縄県文化財調査報告書第 68 集　ピンザアブ　ピンザアブ洞穴発掘調査報告：93-113．

Kaneko, Y. and Y. Hasegawa. 1995. Some fossil arvicolid rodents from the Pinza-Abu Cave, Miyako Island, the Ryukyu Islands, Japan. Bulletin of the Biogeographical Society of Japan, 50：23-37.

加藤香織．2006．後期更新世以降の本州西部と琉球列島の哺乳類動物相の比較研究．愛知教育大学大学院教育学研究科修士論文．

Kawaguchi, S., Y. Kaneko and Y. Hasegawa. 2009. A new species of the fossil murine rodent from the Pinza-Abu Cave, the Miyako Island of the Ryukyu Archipelago, Japan. 群馬県立自然史博物館研究報告，13：15-28.

Kawamura, A. 2016. History of commensal rodents on Ishigaki Island (southern Ryukyus) reconstructed from Holocene fossils, including the first reliable fossil record of the house mouse *Mus musculus* in Japan. Quaternary International, 397：106-116.

河村愛・河村善也．2013．白保竿根田原洞穴遺跡の後期更新世と完新世の小型哺乳類遺体．沖縄県立埋蔵文化財センター調査報告書第 66 集　白保竿根田原洞穴遺跡——新石垣空港建設工事に伴う緊急発掘調査報告書：154-175．

河村愛・河村善也．(印刷中)．ツヅピスキアブ洞窟の堆積物から水洗処理によって得られた完新世哺乳類遺体．(宮古島市教育委員会，編：アラフ遺跡・ツヅピスキアブ洞窟・友利元島遺跡——宮古島市内遺跡発掘調査報告書)．宮古島市教育委員会，沖縄．

Kawamura, Y. 1988. Quaternary rodent faunas in the Japanese islands (part 1). Memoirs of the Faculty of Science, Kyoto University, Series of Geology and Mineralogy, 53 (1 & 2)：31-348.

Kawamura, Y. 1989. Quaternary rodent faunas in the Japanese islands (part 2).

Memoirs of the Faculty of Science, Kyoto University, Series of Geology and Mineralogy, 54 (1 & 2): 1-235.

河村善也. 1991. 日本産の第四紀齧歯類化石——各分類群の特徴と和名および地史的分布. 愛知教育大学研究報告（自然科学），40：91-113.

河村善也. 2003. 風穴洞穴の完新世および後期更新世の哺乳類遺体.（百々幸雄・瀧川渉・澤田純明，編：北上山地に日本更新世人類化石を探る）pp. 284-386. 東北大学出版会，宮城.

河村善也. 2014. 日本とその周辺の東アジアにおける第四紀哺乳動物相の研究——これまでの研究を振り返って. 第四紀研究, 53(3)：119-142.

Kawamura, Y. and K. Iida. 1989. An early Middle Pleistocene murid rodent molar from the Kobiwako Group, Japan. Transactions and Proceedings of the Palaeontological Society of Japan, New Series, 155：159-168.

Kawamura, Y. and H. Taruno. 2000. Immigration of mammals into Japan during the Quaternary, with comments on land or ice bridge formation enabled human immigration. Acta Anthropologica Sinica, Supplement, 19：264-269.

Kawamura, Y. and R. Nakagawa. 2009. Quaternary small mammals from Site B of Mumyono-ana Cave on Miyako Island, Okinawa Prefecture, Japan. 愛知教育大学研究報告（自然科学），58：51-59.

河村善也・小澤智生. 2009. 小型哺乳類化石から見た現在の琉球列島の動物相の起源と成立プロセス. 日本古生物学会第158回例会予稿集：6.

河村善也・河村愛・村田葵. 2015. 精密水洗によって得られた小型哺乳類遺体.（奈良貴史・渡辺丈彦・澤田純明・澤浦亮平・佐藤孝雄，編：青森県下北郡東通村尻労安部洞窟I——2001-2012年度発掘調査報告書）pp. 59-78. 六一書房，東京.

Kowalski, K. and Y. Hasegawa. 1976. Quaternary rodents of Japan. Bulletin of the National Science Museum, Series C, 2：31-66.

Musser, G. G. 1981. Results of the archbold expeditions. No. 105. Notes on systematics of Indo-Malayan murid rodents, and descriptions of new genera and species from Ceylon, Sulawesi, and the Philippines. Bulletin of the American Museum of Natural History, 168(3)：225-334.

Musser, G. G. and M. D. Carleton. 2005. Superfamily Muroidea. *In*（Wilson, D. E. and M. Reeder, eds.）Mammal Species of the World: A Taxonomic and Geographic Reference 3rd ed. pp. 894-1531. The Johns Hopkins University Press, Baltimore.

Nakagawa, R., N. Doi, Y. Nishioka, S. Nunami, H. Yamauchi, M. Fujita, S. Yamazaki, M. Yamamoto, C. Katagiri, H. Mukai, H. Matsuzaki, T. Gakuhari, M. Takigami and M. Yoneda. 2010. The Pleistocene human remains from Shiraho-Saonetabaru Cave on Ishigaki Island, Okinawa, Japan, and their radiocarbon dating. Anthropological Science, 118：173-183.

Nakagawa, R., Y. Kawamura, S. Nunami, M. Yoneda, M. Namiki and Y. Shibata. 2012. A new OIS2 and OIS3 terrestrial mammal assemblage on Miyako Island (Ryukyus), Japan. British Archaeological Reports International Se-

rieas, 2352：55-64.
西岡佑一郎．2015．高知県佐川町穴岩の穴から産出したヒトを含む哺乳類遺骸群集（予報）．Anthropological Science（Japanese Series），123(2)：41-46.
西岡佑一郎・中川良平・太田泰弘・西川喜朗．2007．鹿児島県沖永良部島天龍洞・迷土洞から産出した齧歯目標本．洞窟学雑誌，32：30-34.
西岡佑一郎・河村善也．2012．四国の更新世ハタネズミ属化石——四国でのハタネズミ属の絶滅シナリオと今後の研究展望．日本哺乳類学会 2012 年度大会プログラム・講演要旨：91.
Nishioka, Y., R. Nakagawa, S. Nunami and S. Hirasawa. 2016. Small mammalian remains from the Late Holocene deposits on Ishigaki and Yonaguni Islands, southwestern Japan. Zoological Studies, 15：1-21.
丹羽良平・河村善也．2001．広島県神石町の帝釈大風呂洞窟遺跡から産出した第四紀の哺乳類——精密水洗によって得られた遺体の研究（その 2）．広島大学文学部帝釈峡遺跡群発掘調査室年報，15：115-133.
Ogino, S., H. Otsuka and H. Harunari. 2009. Study on the middle Pleistocene Matsugae fauna, Northern Kyushu, west Japan. Paleontological Research, 14(4)：367-384.
Oshiro, I. and T. Nohara. 2000. Distribution of the Pleistocene terrestrial vertebrates and their migration to the Ryukyus. Tropics, 10(1)：41-50.
大塚裕之．2002．琉球列島の古脊椎動物相とその起源．（木村政昭，編：琉球弧の成立と生物の渡来）pp. 111-127．沖縄タイムス社，沖縄．
大塚裕之・中村俊夫・太田友子．2008．琉球列島における脊椎動物化石包含層の ^{14}C 年代．名古屋大学加速器質量分析計業績報告書，19：135-153.
Wang, Y., C. Z. Jin and G. B. Wei. 2010. First discovery of fossil *Diplothrix*（Muridae, Rodentia）outside the Ryukyu Islands, Japan. Chinese Science Bulletin, 55(4-5)：411-417.

3
アカネズミの形態変異
分断が生んだ地理的パターン

新宅勇太

　アカネズミ（*Apodemus speciosus*）はさまざまなハビタットに生息し，多数の周辺島嶼を含む広い分布域をもつ日本列島の固有種である．そのため，日本列島における小型哺乳類の進化史について検討するうえで重要な種である．本種の地理的変異については形態や遺伝子，核型など多くの先行研究がなされ，複雑なパターンを示すことがわかってきた．筆者らはこれまで，とくに形態に着目して複雑な地理的パターンの進化史を明らかにするため，分布域全域をほぼカバーするようにサンプリングされた標本を用いて研究を行ってきた．その結果，北海道と周辺島嶼の個体群と本州，四国および九州の個体群との間に形態の分化がみられた．さらに前者には個体群間で共通にみられる特徴と各個体群に固有の特徴の両方があることなどがわかった．本章ではこれまでの研究から示唆されたアカネズミの複雑な形態変異の進化史について，とくに個体群の分断が果たした役割を中心に紹介する．

3.1　アカネズミの形態変異と分類

（1）　アカネズミの形態における多様性

　形態変異を考えるうえで，島嶼個体群は非常に重要なテーマである．一般的には，新しく生じた形態の変異が適応的，すなわち個体の生存や繁殖に有利であれば，その変異は自然選択により集団中に広まっていくであろう．逆に個体の生存や繁殖に不利な変異は集団中に広まることなく消失すると考えられる．問題は，ある変異が個体の生存や繁殖に対して有利にも不利にもな

らない場合である．このとき，変異が集団中に広まるかどうかは遺伝的浮動によって確率的に決まることになる．すなわち，新しく生じた変異が集団中にどう広まるかは偶然によってランダムに決まることになる．どちらの場合でも生じた形態の変異は集団の大きさが小さいほど，そしてほかの集団との交流が少ないほど，集団中に広まりやすく，あるいは消失しやすくなる．したがって，ほかの個体群との交流が妨げられている島嶼の個体群では形態の変異がより生じやすくなると考えられ，形態の進化過程を考えるうえで重要である．そのため，多くの島嶼からなる日本列島は，こうした形態変異を研究するうえでは非常に重要な地域である．

アカネズミは日本の非飛翔性小型哺乳類のなかでもっとも広い分布域をもつ日本列島固有種である．すなわち，地理的に北海道から九州までの主要4島すべてのほか，利尻島や国後島，伊豆諸島，佐渡島，隠岐諸島，対馬，五島列島，甑島列島，大隅諸島，トカラ列島（南限は中之島）にいたる主要4島周辺の多くの島嶼（以下，周辺島嶼とよぶ）に広く分布し，生態的にも森林から河川敷の草地，農耕地など幅広いハビタットに生息している（Nakata *et al.*, 2009）．したがって，日本列島における非飛翔性小型哺乳類の進化史を考えるうえで重要な種であり，さまざまな形質についての地理的変異の研究がなされてきた（遺伝学的な研究については第4章を参照）．本章ではとくに形態における地理的変異に着目して述べていきたい．

日本列島全域にわたるサンプリングにもとづいてアカネズミの形態変異を最初に検討したのは Imaizumi（1962, 1964）である．頭胴長などの外部計測値と口蓋長などの頭骨の計測値をもとに，Imaizumi（1964）は本種を4つのフォーム（Form A–D）に分けた（図3.1）．その結果から，大型の頭骨や長い後足などで特徴づけられるフォームAとフォームBが北海道と周辺島嶼に分布しており，中型の頭骨をもつフォームCと小型の頭骨をもつフォームDが本州，四国および九州にモザイク状に分布しているとされた．しかし，このモザイク状のフォームの分布がどのように成立したのか，そのプロセスは説明されていない．その後 Imaizumi（1969）および今泉（1970）は毛皮の特徴も加えて，ホンドアカネズミ（*A. speciosus speciosus*；本州・四国・九州），サドアカネズミ（*A. s. sadoensis*；佐渡島），エゾアカネズミ（*A. ainu*；北海道），オキアカネズミ（*A. navigator navigator*；

図 3.1 Imaizumi（1964）が示した 4 つのフォームの分布図（Imaizumi, 1964 より作成）.

隠岐諸島), オオシマアカネズミ (*A. n. insperatus*; 伊豆大島・新島), ツシマアカネズミ (*A. n. tusimaensis*; 対馬), セグロアカネズミ (*A. n. dorsalis*; 屋久島・種子島), ミヤケアカネズミ (*A. miyakensis*; 三宅島) の 4 種 8 亜種にアカネズミを分類した. 先の研究で本州, 四国, 九州にモザイク状に分布した 2 つのフォームはここでは区別されていない. 一方, その後の研究者は, アカネズミが非常に幅広い形態変異をもつ一種であるとし, 亜種は認めていない（小林, 1981）.

今泉による一連の研究の後も, 多くの研究者が本種の形態変異についての研究を行っており, 周辺島嶼の個体群における形態の分化のほか, 本州個体群のなかでの形態変異など多くの研究成果が報告されている（Renaud and Millien, 2001; Takada *et al.*, 2006, 2013; 酒井, 2007; Kageyama *et al.*, 2009 など）. しかしながら, これらの研究は特定の地域の個体群に焦点をあ

ており，アカネズミという種全体の形態進化を明らかにするものではない．そこで以下では，筆者らが行った日本列島全域からのサンプリングにもとづくアカネズミの形態の地理的変異とその進化史についての研究結果を紹介したい．

3.2 季節による成長の違い

形態における地理的変異を明らかにするためには，その前に1つの地域個体群のなかでの変異を明らかにしなくてはならない．とくにオスとメスで形態に差があるのかという点，そして成長にともなう形態の変化がどのように起きているのかという2点を明らかにすることが必要である．ネズミ類の成長を考えるうえで重要な点の1つが，生まれた季節の影響である．Gliwicz (1996) はツンドラハタネズミ (*Microtus oeconomus*) の成長を調べ，夏の後半から秋に生まれた個体は春に生まれた個体に比べて成長が遅いことを示しており，ほかにもこうした事例が知られている．したがって，アカネズミの成長を明らかにするうえでも，生まれた季節を考慮しなくてはならない．

アカネズミには繁殖期にも地理的な違いがあることがわかっている．北海道や標高の高い地域では春から秋にかけて夏にピークをもつ年1山型，本州の大部分の地域では春と秋にそれぞれピークをもち，夏と冬に繁殖がみられない年2山型，九州では秋から春にかけて繁殖がある年1山型を示す．これは夏の高温あるいは冬の低温によって繁殖が抑制された結果だと考えられている（村上，1974）．年2山型を示す京都の個体群では，秋生まれの個体は春生まれの個体に比べて，性成熟に達するまでの期間が長いことが知られている（村上，1980）．さらに成長期における餌資源が異なること（立川・村上，1976），その結果，臼歯のすり減る速さが異なること（疋田・村上，1980）が知られている．これらのことからアカネズミにも，ツンドラハタネズミの場合と同じように，生まれた季節によって成長パターンに違いがみられることが予想された．

そこで筆者らは，年2山型の繁殖期を示す京都の個体群について，外部形態と頭骨の成長パターンの検討を行った (Shintaku *et al.*, 2010)．アカネズミの臼歯は年齢とともにすり減り続け，咬合面の形態が変わっていく．疋

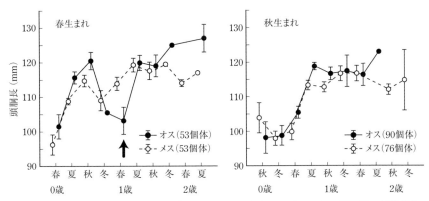

図 3.2 生まれた季節間でのアカネズミの成長の比較結果．プロットは頭胴長の平均値と値の範囲を示す（Shintaku et al., 2010 より改変）．

田・村上（1980）は標識再捕獲法によって齢がわかっている個体の咬合面の形態を調べ，月齢にともなってどのように咬合面の形態が変化するのかを明らかにした．その結果を用いると，逆に咬合面の形態から月齢を推定できる．これにその個体の捕獲月の情報を合わせることで，生まれたのが春なのか秋なのかを推定することが可能となる．1993年から2000年の間に捕獲された272個体について齢の推定を行い，春生まれ個体と秋生まれ個体に分けて成長パターンの比較を行った．

その結果，体重と頭胴長，尾長，および頭骨の成長には，春生まれ個体と秋生まれ個体の間に明らかな違いが存在することを示した（図3.2）．春生まれの個体は生後1カ月ほどで巣立ちした後すぐの期間，春から秋にかけて大きく成長するのに対して，秋生まれの個体は巣立ち後すぐの秋から冬の間は成長が停滞し，春になって成長し始めることがわかった．これは餌資源の違いが要因として考えられる．アカネズミは春から夏にかけてはタンパク質の豊富な昆虫を食べる割合が高まるが，秋にはドングリのようなタンパク質の含有量が比較的低い木の種実を中心に食べている（立川・村上，1974）．秋生まれの個体は成長期に必要なタンパク質が不足することで成長が抑えられていると考えている．また春生まれのオスでは，最初の年の冬の間に，大きくサイズが低下していることが明らかとなった（図3.2，矢印）．こうした現象はメス，あるいは秋生まれ個体にはみられていないことから，たとえ

ば気温などが作用した生理的な要因によるものとは考えにくい．この点については，冬の間に若い大型個体が除去されるためではないかと考えている．大型のオスは生まれた年の秋の繁殖に参加するが，オスどうしの争いやなわばりの維持などにコストがかかり，死亡率が高くなってしまうのではないだろうか．今後，生態学的な研究が必要である．

春生まれ個体と秋生まれ個体の間にはこのように成長過程に違いがあるものの，成長が止まった成体の段階では両者の間に形態の違いはないことがわかった．これは実質的な成長期が春生まれの個体でも秋生まれの個体でも，春から秋の間で共通であることが関係すると推測している．このことは，地理的変異の解析をするうえでは，成体であればどの季節に生まれた個体もまとめて扱えることを示している．一方でオスはメスに比べて有意に各計測値の値が大きいことがわかった．すなわち，オスとメスは別々に地理的変異の解析をしなくてはならないということである．

3.3　外部形態の地理的変異——アカネズミと「島嶼ルール」

（1）　アカネズミと「島嶼ルール」

地域個体群内での変異がわかったところで，まずは外部形態の地理的変異について，およそ1800個体のデータをもとに解析した結果について紹介したい（Shintaku et al., 2012）．図3.3は4つの外部計測値について，オスのデータをまとめたものである．なお，オスとメスの地理的なパターンについて違いはほとんどみられなかったので，メスのデータについてはここでは割愛する．

島嶼個体群の形態に関して哺乳類では，「島嶼ルール」（island rule）というものが知られている（Foster, 1964）．本土と島嶼の個体群で同種ないし近縁種間の体サイズを比べたとき，哺乳類ではネズミなど小型の種類の島嶼個体群は大型化し，シカなどの大型の種類の島嶼個体群は逆に小型化する，というものである．しかし，近年ではこの「ルール」は哺乳類一般に適用できるものではなく，ネズミ類や食肉類，偶蹄類など特定の分類群だけで適用できるものであるとする研究結果も報告されている（Meiri et al., 2008）．この

3.3 外部形態の地理的変異　　71

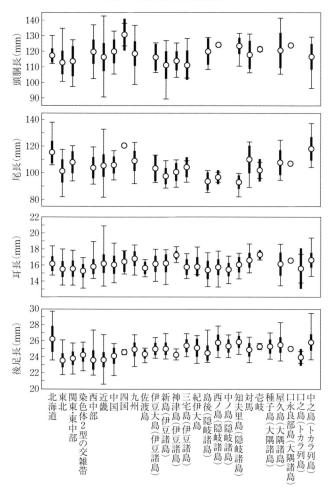

図 3.3 アカネズミのオスにおける頭胴長，尾長，耳長，後足長の地理的変異．それぞれのプロットは平均値と標準偏差，および計測値の範囲を表す（Shintaku *et al.*, 2012 より作成）．

「島嶼ルール」がどこまで一般化できるかという問題は現在も議論が続けられているが，少なくともネズミ類については島嶼個体群が本土個体群に比べて大型化する傾向が一般的なものとして知られている．

　アカネズミにおいては，まず重要なこととして頭胴長には違いは認められず，地理的なパターンは存在しないことがわかった（図3.3）．つまり，ア

カネズミは上述の「島嶼ルール」にはあてはまらない，興味深い種だといえる．島嶼のネズミが大型化する理由としては捕食者や競合種がいないことで個体群密度が高まり，餌資源や繁殖相手をめぐる種内での競争が激しくなることが指摘されている（Adler and Levins, 1994）．アカネズミの場合では，イタチやヘビなどの捕食者が周辺島嶼にも分布していることで個体群密度の上昇が抑えられている可能性，あるいは特定の餌資源や生息環境に依存しないことなどで個体群密度が上昇しても種内での競争が抑えられている可能性が，周辺島嶼の個体群が大型化しない要因ではないかと考えられる．

（2） 外部形態にみられる変異

尾長と耳長，後足長には変異がみられた．尾長は北海道とトカラ列島の中之島の個体群がほかの個体群に比べて大きな値を示す一方で，隠岐諸島の個体群は小さな値を示した．Abe（1986）は北海道の個体は本州の個体に比べて樹上を使うことが多いと述べている．樹上性の強いネズミでは尾が長い傾向にあるという報告がされていることから（Horner, 1954），地域個体群間での空間利用パターンの違いが形態の違いに結びついている可能性がある．耳長では新島の個体群が大きい値を示すほか，本州東部の個体群が西部の個体群に比べて小さな値を示すことも明らかになった．こうした限られた地域でのみみられる形態の違いは，それぞれの個体群が成立した後に独立に獲得されたものと考えられるが，どういった要因で生じているのかは今後の検討課題である．

興味深いのは後足長の変異である．本州および四国の個体群に比べて，北海道，九州，および周辺島嶼の個体群の後足長が大きな値をとることがわかった．この周辺島嶼のなかには，ミトコンドリア $Cytb$ 遺伝子の解析結果（Suzuki et al., 2004；第4章参照）から示される北海道や佐渡島，伊豆諸島や大隅諸島のように本州・四国・九州とは遺伝的に「遠い島」も，隠岐諸島や対馬，紀伊大島のように遺伝的には「近い島」も両方含まれている．生息環境も遺伝的背景も大きく異なるさまざまな周辺島嶼の個体群で同じような変異がみられる理由については，この後述べる頭骨形態の地理的変異とあわせて考えたい．

外部形態の解析ではもう1点，重要なことが明らかになった．アカネズミ

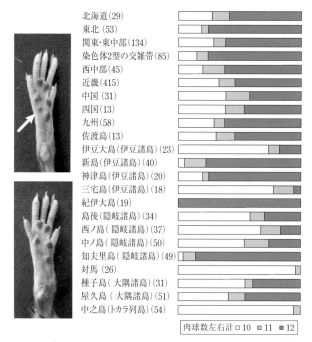

図 3.4 各地域集団におけるアカネズミの後足の肉球数の頻度．左上段の写真中に矢印で示したのが小趾球 (Shintaku et al., 2012 より改変).

の後足の肉球は5個ないし6個と変異がみられる．これは小趾球 (hypothenar pad) とよばれる小指側の肉球が個体によってあったりなかったりするためで，個体によっては，右足は5個で左足は6個と左右で違う場合もある．この肉球数が違う個体がどういった割合で地域個体群のなかにいるかを示したのが図3.4である．北海道・本州・四国・九州の個体群では，肉球数が左右合計12個，すなわち小趾球が両方の足にある個体が大きな割合を占めるが，肉球数が左右合計10個，すなわち小趾球が両方の足にない個体も20-30%ほどいることがわかる．しかしながら，周辺島嶼の個体群の一部ではこの割合が大きく偏っている．たとえば伊豆大島や三宅島，対馬，トカラ列島の中之島の個体群では，肉球数が左右合計10個しかない個体でほとんど占められており，明らかに本州などの個体群とは比率が異なっている．逆に新島や紀伊大島，隠岐諸島の知夫里島などではほとんどの個体の肉球数の左

右合計が 12 個であり，10 個の個体はほとんどいない．地理的に近接しているために非常に環境が似ている隠岐諸島の島前 3 島（中ノ島，西ノ島，知夫里島）の個体群の間でも比率が大きく異なっていることから，環境要因が肉球数の違いに影響しているとは考えにくい．したがって，この結果は周辺島嶼の小さな個体群のなかで，肉球数を決める遺伝子が遺伝的浮動によってランダムに固定された結果だと説明できる．隠岐諸島の島前 3 島の個体群間での比率の違いは，遺伝子の変異がランダムな方向へ固定していることを示している．

ここまで明らかにした外部形態の地理的変異の結果は，後足長を除いてはどの形質における変異も各地域個体群で独立に獲得されたものと考えられる．一方で長い後足長という離れた多数の地点で共通にみられる変異がどのように形成されたかという進化史を明らかにするためには，さらに情報を集めなくてはならない．

3.4 頭骨形態の地理的変異

そこでつぎに頭骨形態における地理的変異についても，108 の地域個体群，およそ 1300 個体の頭骨標本をもとに解析を行った（Shintaku and Motokawa, 2016）．ここで用いたのは標識点座標にもとづく幾何学的形態測定法（geometric morphometrics）とよばれる手法である．生物の形態を数値化する方法としては，ノギスなどで特定の部位の長さを計測し，主成分分析をはじめとする多変量解析によってその特徴を集約し検討することがこれまでは行われてきた．これに対して，幾何学的形態測定法は，解析対象の上に標識点とよばれる点（たとえば骨の縫合点や突起の端点など）を設定し，その二次元あるいは三次元座標を決定する．そして座標データについて変換幾何学と多変量解析の手法を用いて標識点どうしの位置関係を解析することで，対象の形態的特徴を明らかにするという方法である．筆者らは図 3.5 のように，頭蓋骨の背面観と下顎の唇側観を撮影したデジタル画像上で頭蓋骨に 18 点，下顎に 10 点の標識点を定義して座標を決定した．この座標データからサイズのインデックスと形状を表す変数（頭蓋骨で 32 変数，下顎で 16 変数）を計算した．形状を表す変数に対しては，主成分分析とよばれる多変量

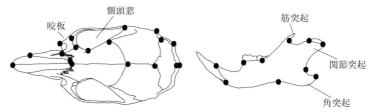

図 3.5 頭骨形態の変異の解析に用いた標識点．黒い点の位置の座標を画像上で決定し，形状を数値化して解析を行った．

解析によって変異の傾向の集約を行った．

その結果，頭蓋骨と下顎の間で少し異なった興味深いパターンが得られた．まず頭蓋骨についてみると，北海道と周辺島嶼の個体群は，本州，四国，九州の個体群に比べると頭蓋骨のサイズが大きい傾向にあった（図3.6A）．先に述べたとおり，頭胴長は地域個体群間で変異がみられないので，この結果は北海道・周辺島嶼個体群と本州・四国・九州個体群との間で，頭胴長のうち頭部が占める割合に違いがあり，前者のほうがより大きな頭部を有していることを意味する．また，第1主成分が頭蓋骨のサイズと相関していることから，サイズの変化と相関した頭蓋骨の形の違いがあることがわかる．大型の個体は相対的により長い吻部をもち，側頭窓と咬板が拡大する傾向がみられた．一方，本州・四国・九州個体群のなかでは，地理的には近い個体群どうしの間でも，頭蓋骨のサイズや形が大きく異なる場合が多く（図3.6B），変異に地理的なパターンはみられなかった．しかし地理的なパターンはみられないものの，集団内および集団間で大きな変異幅を示すことが特徴である．

下顎については2つの点で頭蓋骨のパターンとは異なっている（図3.7）．1つは，北海道の個体群についてである．サイズと第1主成分のプロットをみると，北海道の個体群はプロットが下にずれており，サイズと形の相関関係が北海道の個体群では異なっていることがわかる（図3.7A）．もう1つは，第2主成分でみると北海道・周辺島嶼個体群と本州・四国・九州個体群との間でプロットが分かれることである（図3.7B）．北海道と周辺島嶼の個体群は，より関節突起と筋突起・角突起が接近しているという特徴を共有していることがわかった．第2主成分はサイズとの相関を示さなかったので，この形の特徴は下顎の大きさの違いに由来するものではない点が重要である．

その一方で，周辺島嶼の個体群どうしで比べてみると，必ずしも形の類似

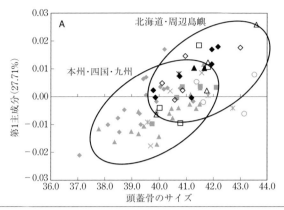
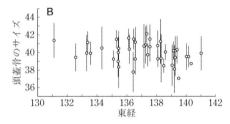

図 3.6　A：アカネズミの頭蓋骨形態についての幾何学的形態解析の結果．横軸に頭蓋骨のサイズを，縦軸に形状を表す変数から得られた第1主成分の値をプロットした．各プロットは地域個体群の平均値を示す．B：本州の個体群について，頭蓋骨のサイズ（平均値と標準偏差）を経度にプロットした結果．経度が近くても頭蓋骨のサイズには大きな違いがあることがわかる（Shintaku and Motokawa, 2016 より改変）．

度は高くなく，ばらつきが大きい．そのため，多次元尺度構成法によって形の類似度を二次元平面に展開してみると，中央に本州・四国・九州の個体群が集まってプロットされ，その周辺を北海道と周辺島嶼の個体群が取り囲むようにプロットされる（図3.8）．このことは，北海道と周辺島嶼の個体群が大型の頭骨とそれに相関する形の特徴，あるいはサイズとは相関しない下顎の形を共有する一方で，各個体群が固有の変異を蓄積し，形の類似度が低いことを示している．また，気温や降水量，緯度，経度といった気候的ある

3.4 頭骨形態の地理的変異

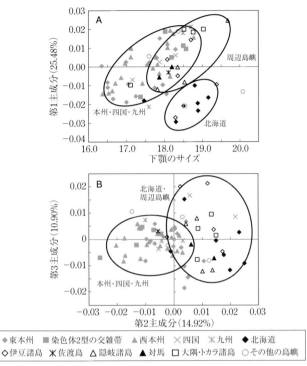

図 3.7 アカネズミの下顎骨形態についての幾何学的形態解析の結果．A：下顎骨のサイズと形状を表す変数から得られた第1主成分のプロット．各プロットは地域個体群の平均値を示す．B：第2主成分と第3主成分のプロット．C：第2主成分に集約された形状の特徴．第2主成分の値が大きくなるほど，各点が灰色の矢印の方向へ移動することを示す．第2主成分が大きいほど，支点と力点の距離が短くなる傾向があることがわかった（Shintaku and Motokawa, 2016 より改変）．

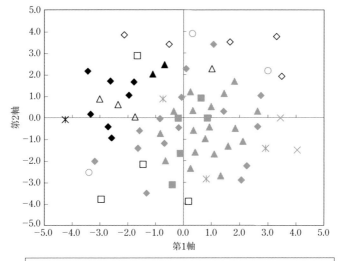

図 3.8 オスの頭蓋骨形態解析結果で得られた主成分スコアより個体群間の形態の類似度を計算し，その距離行列にもとづいて作成した多次元尺度構成法による2次元プロット．プロット上での距離が形態の類似度と相関するため，近くにプロットされた個体群どうしは形態も類似し，離れてプロットされた個体群どうしでは形態に大きな差があることを示す（Shintaku and Motokawa, 2016 より改変）．

いは地理的な変数との相関関係もみられなかった．したがって，周辺島嶼の個体群はそれぞれランダムな形態の変異を蓄積していることがわかる．こうした固有の変異の蓄積には，島嶼に最初に侵入した集団の創始者効果やその後の個体群サイズの変動にともなうボトルネック効果などがそれぞれの個体群に固有のイベントとして作用したものと考えられる．たとえば大隅諸島やトカラ列島ではおよそ 7300 年前に起きた鬼界カルデラの噴火による火砕流と降灰で，照葉樹林が大きく失われたとされる（杉山，1999）．これによりアカネズミ個体群が大きく縮小し，遺伝的浮動を通じてランダムな変異が蓄積したと推定できる．

　では，頭骨のサイズなど北海道と周辺島嶼の個体群に共通にみられる変異についてはどうであろうか．注目すべきは，サイズとは相関しない下顎の形の違いである．ネズミ類の下顎は機能形態学的には顎関節を支点，筋の付着

域である筋突起や角突起を力点，そして歯を作用点とする「てこ」のモデルで考えることができる（Satoh, 1997）．北海道や周辺島嶼の個体群は関節突起と筋突起や角突起がより接近する傾向を示した（図 3.7C）．これはてこの原理から考えると，支点と力点の間が短くなることを意味するので，非効率的である．環境条件が大きく異なる多数の個体群で，こうした非効率的な変異が独立に並行して生じたとは考えにくい．したがって，こうした共通の変異にはなんらかの歴史的背景が存在すると考えられる．

3.5 アカネズミの形態の進化史

（1）過去の分布域を推定する

　日本列島の小型哺乳類の系統地理学的研究では，氷期-間氷期サイクルにともなう分布域の変動，とくに最終氷期から現在までの分布域の変化が，変異の地理的パターンの形成に大きな影響を与えてきたことが示唆されている．そこでアカネズミにおいて分布域がどう変化してきたのか，そしてそれが形態変異の地理的パターンに影響を与えたのかを検討するために，約 1 万 2000 年前の最終氷期最寒冷期におけるアカネズミの分布域の推定を試みた（Shintaku and Motokawa, 2016）．前提とした条件はつぎの 2 つである．1 点目はアカネズミの現在の分布域である．アカネズミは低地から山地の森林まで広く生息するが，標高が高い亜高山帯の針葉樹林で採集されることは多くない．この低山帯から亜高山帯への植生の移行帯は中部地方ではおおよそ標高 1600 m 付近にあるとされる．そこで現在の分布域を標高 0 m から 1600 m の間とした．2 点目は最終氷期における気温の低下と海水準の低下である．極域の氷床が発達することによって海水準が低下する．最終氷期最寒冷期には現在よりも海水準が 120 m から 135 m ほど低下したと考えられている．気温が現在よりもおよそ 6℃ ほど低かったと推定されており，ここから植生の移行帯も現在よりも 1000 m 低い標高 600 m 付近にあったと考えられる．そこで最終氷期最寒冷期の分布域を標高 − 130 m から 600 m の間として推定を行った．

　こうして推定された過去の分布域が図 3.9 である．最終氷期最寒冷期には，

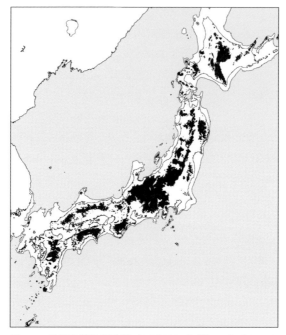

図 3.9 最終氷期最寒冷期（1万2000年前）におけるアカネズミの分布域の推定図．黒い部分は標高600 m 以上でアカネズミの生息に不向きとなる針葉樹林帯と推定される地域．海水準の低下は130 m として作成した（Shintaku and Motokawa, 2016 より改変）．

周辺島嶼のなかには海底が陸地化して本土と接続しているものもしていないものもある．アカネズミは草原などにも生息していることから，こうした陸橋を伝って，周辺島嶼と本土との間で行き来があった可能性は十分に考えられる．遺伝的にも一部の周辺島嶼では本土の個体群との間に行き来があった可能性が指摘されており（Tomozawa and Suzuki, 2008），本土からの遺伝子浸透は周辺島嶼の個体群にみられた固有の変異の一因となっているだろう．さらに重要な点は本州，四国，九州では，植生の変化にともなって分布域が大きく狭められ，断片化していることである．とくに中部地方では分布域が大きく狭まり，東西の交流は海沿いのごく限られた地域でしか生じていない．また西日本ではあまり影響は大きくないが，東日本では分布域の断片化がとくにみられる．この推定結果が意味するのは，最終氷期以降にアカネズミは

急速に分布域を拡大させていったと考えられるということである．これまでアカネズミの場合，周辺島嶼個体群に大きく注目が集まってきたが，本州，四国，および九州の個体群，とりわけ東日本の個体群で非常に大規模な分布域の変動が起こったことが示唆される．

（2） アカネズミの形態進化

　分布域の推定に加えて，形態の進化史を検討するうえで非常に重要な情報が遺伝学的な解析の結果である．アカネズミの遺伝的変異については第4章で詳述されるのでここでは述べないが，形態進化を考えるうえで重要な点は，ミトコンドリア遺伝子あるいは核遺伝子をみると，2つのハプロタイプクレードに分かれるということ，そしてその片方は北海道と周辺島嶼の個体群に取り残され，もう片方は本州，四国，九州の個体群に最近急速に広がったということである（Tomozawa and Suzuki, 2008）．とくに本土側の個体群の急速な分布拡大は，筆者らによる分布域の推定結果とも符合する．

　過去の分布域の推定結果と遺伝的変異に関する情報をもとにすると，筆者らが明らかにした北海道と周辺島嶼の個体群に共通の形態的特徴は，周辺島嶼に取り残された「祖先的」な特徴だと考えられる．そして，本州，四国，九州の個体群において，「派生的」な特徴として，より小型の頭部や後足といった特徴が最終氷期以降に広まったものとして説明できる．派生的特徴が個体群中に広まった背景には，分布域の推定結果から示唆される，気候の変化にともなった個体群の分布拡大が大きく影響したと考えられる．下顎の形も本州，四国，九州の個体群では関節突起と筋突起，角突起がより離れ，歯で効率よく力を加えることができるようになったものとして説明される．紀伊大島や五島列島のように遺伝的に近い島においても祖先的な特徴がみられるのは，派生的な形態が広まったタイミングよりも周辺島嶼の隔離の成立のタイミングが早かったためと考えられる．つまり，地理的に遠く離れた北海道や周辺島嶼の個体群に共通の特徴がみられるのは，最終氷期以降の分布域の変化，すなわち海水準の上昇による個体群の分断と，分布域拡大にともなう本土側の個体群での新しい変異の広がりによるものだといえる．

　先に述べた後足の大きさの変異も同じように説明される．ただし，より短い後足という派生的な特徴は，広がる時期がより遅く，九州の個体群に広ま

る前に九州の分断が生じたものと考えられる．形質によって派生的な特徴の広がりの時期が異なったこと，そして本州や四国では派生的形態と祖先的な形態が混ざったことが，大きな変異幅をもつ複雑な形態変異の地理的パターンをつくった要因といえる．後足についてはより短いほうが地下の巣穴を使うのに有利だとする研究結果が，ヨーロッパのアカネズミ類で報告されている（Kuncová and Frynta, 2009）．しかしアカネズミでは，周辺島嶼個体群における生態的な研究が少なく，派生的な特徴がどのように適応的かを議論するには情報が不足している．今後の生態的な研究の進展が重要な示唆を与えるものと考えられる．

3.6 分布域の推定からみえる現在の分断

最後に形態の話から離れて，アカネズミの現在の分布域推定の結果から示唆される，本州のなかでの分布の障壁と染色体の2型の境界維持の関係について述べたい．アカネズミの染色体には，中部地方の天竜川と黒部川の河口を結ぶ線（富山-浜松線）を境界とした東西の2型が知られている（土屋，1974）．境界の東側には $2n=48$，西側には $2n=46$ の個体がそれぞれ分布している．両者が接する境界周辺では，両者の交雑個体（$2n=47$）が生じている（原田ほか，1984）．しかし，この交雑個体については減数分裂が正常に行われにくいことにより，繁殖力が低下することが指摘されている（Saitoh and Obara, 1988）．

現在の分布域の推定結果からは，この境界となる中部地方にある高山帯によって分布が制限されていることが示唆される（図3.10）．染色体の2型は富山-浜松線に沿った広い幅で接しているのではなく，実際には亜高山帯により行き来が妨げられ，日本海側と中央の伊那谷および木曽谷の幅数kmの3つの細い回廊状の地域と，天竜川で分断される比較的幅の広い太平洋側の4カ所で接していると考えられる．2つの染色体型がごく狭い領域で接していることと，両者の交雑個体の繁殖力が低いことで，2型が混じらず境界が維持されているのだろうと考えられる．

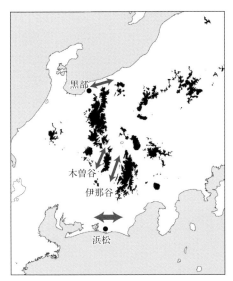

図 3.10 現在の分布域推定結果の中部地方の拡大図．黒い部分が標高 1600 m 以上の高山帯でアカネズミの分布に不適当と考えられる地域．日本海側および中央の山地帯では細い矢印で示した 3 カ所の回廊状の地域で染色体 2 型が対峙していると考えられる．太平洋側（太い矢印）では天竜川を境界として幅広い地域で対峙している（Shintaku and Motokawa, 2016 より改変）．

3.7 「島嶼ルール」と日本のネズミ

　筆者らの研究で明らかになったように，アカネズミではいわゆる「島嶼ルール」はあてはまらない．むしろ，本州，四国，九州といった大きな島のなかでの形態変異の拡大が，多くの周辺島嶼に共有されている形態の特徴の要因だと考えられる．これまでの「島嶼ルール」の研究では，島嶼の個体群でどういった変化が生じたのか，ということばかりに目が向けられてきた．しかし，アカネズミの事例でわかるように，いわゆる「本土」の個体群においても，気候条件や分布域の変動によって形態だけではなくさまざまな変化が生じうることは明らかである．また，いわゆる「本土」とされる地域にもさまざまな障壁が存在し，変異が維持される要因となっている．したがって，

「島嶼ルール」を議論するためには島だけに注目するのではなく，本土側でなにが起こっているのかを明らかにすることも必要である．さらに「島嶼ルール」自体も種間関係，種内関係，環境条件，遺伝的背景などさまざまな要因がそれぞれの個体群で複雑に絡み合って生じるはずである．そのため一概に「島嶼ルール」としてくくるのではなく，個々の島での現象を詳細に検討したうえで，全体として積み上げ，比較していくことが，形態の多様化に対して「島」がもつ意味を探るうえでは必要であろう．日本列島は大小多くの島々からなり，しかも「本土」となる大きな島には非常に複雑な地形があることから，「島嶼ルール」を考えるうえでも非常におもしろく，重要な地域であるといえる．

日本列島にはアカネズミの近縁種であるヒメネズミ（*A. argenteus*）のように多数の周辺島嶼に分布している種がいる．あるいは草原性のハタネズミ（*Microtus montebelli*）のように本土のなかでも分布域が断片化し，あたかもいくつもの小さな「島」に分かれているように分布する種もいる．こうした種ではどのような変異がみられるのだろうか．日本列島のさまざまなネズミでの変異のパターンとその進化史を積み重ねていくことで，島嶼個体群の形態進化，あるいは形態の分化において分断が果たす役割に関して新たな視点がみえてくるのではないかと期待される．

引用文献

Abe, H. 1986. Vertical space use of voles and mice in woods of Hokkaido, Japan. Journal of the Mammalogical Society of Japan, 11：93-106.
Adler, G. and R. Levins. 1994. The island syndrome in rodent populations. The Quarterly Review of Biology, 69：473-490.
Foster, J. B. 1964. Evolution of mammals on islands. Nature, 202：234-235.
Gliwicz, J. 1996. Life history of voles: growth and maturation in seasonal cohorts of the root vole. Miscellania Zoologica, 19：1-12.
原田正史・浜田俊・子安和弘・宮尾嶽雄．1984．日本産アカネズミにおける染色体2型の分布境界について——予報．哺乳動物学雑誌，10：101-102.
疋田努・村上興正．1980．アカネズミの齢査定法．日本生態学会誌，20：109-116.
Horner, E. 1954. Arboreal adaptations of *Peromyscus*, with special reference to use of the tail. Contributions from the Laboratory of Vertebrate Biology, University of Michigan, 61：1-84.
Imaizumi, Y. 1962. On the species formation of the *Apodemus speciosus* group,

with special reference to the importance of relative values in classification. Part 1. Bulletin of the National Science Museum, 5：163-259.
Imaizumi, Y. 1964. On the species formation of the *Apodemus speciosus* group, with special reference to the importance of relative values in classification. Part 2. Bulletin of the National Science Museum, 7：127-177.
Imaiazumi, Y. 1969. A new species of *Apodemus speciosus* group from Miyake Island, Japan. Bulletin of the National Science Museum, 12：173-178.
今泉吉典．1970．対馬の陸棲哺乳類．国立科学博物館専報，3：159-176.
Kageyama, M., M. Motokawa and T. Hikida. 2009. Geographic variation in morphological traits of the large Japanese field mouse, *Apodemus speciosus* (Rodentia, Muridae), from the Izu Island group, Japan. Zoological Science, 26：266-276.
小林恒明．1981．日本産アカネズミ Group の分類．哺乳類科学，42：27-33.
Kunocová, P. and D. Frynta. 2009. Interspecific morphometric variation in the postcranial skeleton in the genus *Apodemus*. Belgium Journal of Zoology, 139：133-146.
Meiri, S., N. Cooper and A. Purvis. 2008. The island rule: made be broken? Proceedings of the Royal Society B: Biological Science, 275：141-148.
村上興正．1974．アカネズミの成長と発育Ⅰ　繁殖期．日本生態学会誌，24：194-206.
村上興正．1980．アカネズミの生態．遺伝，34：75-81.
Nakata, K., T. Saitoh and M. A. Iwasa. 2009. *Apodemus speciosus*. *In* (Ohdachi, S. D., Y. Ishibashi, M. A. Iwasa and T. Saioh, eds.) The Wild Mammals of Japan. pp. 169-171. Shoukadoh, Kyoto.
Renaud, S. and V. Millien. 2001. Intra- and interspecific morphological variation in the field mouse species *Apodemus argenteus* and *A. speciosus* in the Japanese Archipelago: the role of insular isolation and biogeographic gradients. Biological Journal of the Linnean Society, 74：557-569.
Saitoh, M. and Y. Obara. 1988. Meiotic studies of interracial hybrids from the wild populations of the large Japanese field mouse, *Apodemus speciosus speciosus*. Zoological Science, 3：815-822.
酒井英一．2007．日本産小哺乳類，とくにアカネズミ，ヒメネズミ，ヒミズにおける歯の地理的変異．愛知学院大学短期大学部研究紀要，15：101-141.
Satoh, K. 1997. Comparative functional morphology of mandibular forward movement during mastication of two murid rodents, *Apodemus speciosus* (Murinae) and *Clethrionomys rufocanus* (Avicolinae). Journal of Morphology, 231：131-142.
Shintaku, Y., M. Kageyama and M. Motokawa. 2010. Differential growth patterns in two seasonal cohorts of the large Japanese field mouse *Apodemus speciosus*. Journal of Mammalogy, 91：1168-1177.
Shintaku, Y., M. Kageyama and M. Motokawa. 2012. Morphological variation in external traits of the large Japanese field mouse, *Apodemus speciosus*.

Mammal Study, 37：113-126.
Shintaku, Y. and M. Motokawa. 2016. Geographic variation in skull morphology of the large Japanese field mice, *Apodemus speciosus* (Rodentia: Muridae) revealed by geometric morphometric analysis. Zoological Science, 33：132-145.
杉山真二．1999．植物珪酸体分析からみた最終氷期以降の九州南部における照葉樹林発達史．第四紀研究，38：109-123.
Suzuki, H., S. P. Yasuda, M. Sakaizumi, S. Wakana, M. Motokawa and K. Tsuchiya. 2004. Differential geographic patterns of mitochondrial DNA variation in two sympatric species of Japanese wood mice, *Apodemus speciosus* and *A. argenteus*. Genes and Genetic Systems, 79：165-176.
Takada, Y., E. Sakai, Y. Uematsu and T. Tateishi. 2006. Morphological variation of large Japanese field mice, *Apodemus speciosus* on the Izu and Oki Islands. Mammal Study, 31：29-40.
Takada, Y., Y. Uematsu, E. Sakai and T. Tateishi. 2013. Morphometric variation in insular populations of the large Japanese field mouse, *Apodemus speciosus*, in Kyushu, Japan. Biogeography, 15：1-10.
立川賢一・村上興正．1976．アカネズミの食物利用について．生理生態，17：133-144.
Tomozawa, M. and H. Suzuki. 2008. A trend of central versus peripheral structuring in mitochondrial and nuclear gene sequences of the Japanese wood mouse, *Apodemus speciosus*. Zoological Science, 25：273-285.
土屋公幸．1974．日本産アカネズミ類の細胞学的および生化学的研究．哺乳動物学雑誌，6：67-87.

4
アカネズミの集団史と進化
遺伝子からの推定

友澤森彦

　アカネズミ（*Apodemus speciosus*）はアジアおよびヨーロッパに約30種を擁するアカネズミ属（*Apodemus*）に属する日本固有種である．日本列島のほぼ全域の森林や草原，田畑の畔などに広く分布しており，人家に現れることはまれである．餌として無脊椎動物や堅果・液果などさまざまな食物を利用する一方で，猛禽類，キツネやイタチなどの上位捕食者の重要な餌資源となっているため，日本の陸域生態系において重要な役割を果たしている．分子系統解析によれば，約660万年前に大陸の同属種と分岐したと考えられている（Suzuki *et al.*, 2003）．その広い分布域と長い歴史を裏づけるように，列島内の地域ごとにさまざまな遺伝，形態，生態の違いが知られており，古くからそのような地域変異に着目した研究が行われてきた（Imaizumi, 1964；宮尾・毛利，1967；土屋，1974；Suzuki *et al.*, 2004, Shintaku *et al.*, 2012）．本章ではこのアカネズミに注目し，まず種内の分子系統解析からみえてきた過去の集団史を紹介する．そして，いかにしてこの日本固有の齧歯類が日本列島の多様な生態系に適応し生きてきたのかについて，1つのケーススタディとして，伊豆諸島にみられる毛色多型の進化のメカニズムについての研究を紹介したい．

4.1　アカネズミの集団史

（1）　系統地理学的解析による集団史推定

　アカネズミは同属の種間の分子系統学的解析から，およそ660万年前に現

在大陸に生息する近縁種から分岐したと考えられている（Serizawa *et al.*, 2000; Suzuki *et al.*, 2003）．日本列島では中期更新世の中期ごろから（約50万年前）化石記録がみられるようになるが（河村ほか，1989; Kawamura 1989），それ以前の日本にアカネズミがいたかどうかは不明である．化石情報以外にその種がたどってきた歴史を推定する手法としては，現在生息している個体間あるいは個体群間のDNAの塩基配列の差異にもとづいて系統関係を明らかにすることで過去の集団サイズの変遷を推定する方法がある（Avise, 2000）．本節ではこのような系統地理学的アプローチによってわかってきたアカネズミの集団史の概要を紹介する．

　Suzuki *et al.* (2004) は，日本全国から採取したアカネズミのミトコンドリア *Cytb* 遺伝子の塩基配列（456 bp）を決定して系統地理学的解析を行った．その結果，アカネズミの種内には大きく2つの種内系統がみられ，それぞれ日本列島の周辺に位置する島嶼（北海道，佐渡，伊豆諸島，薩南諸島；以下周辺グループ）および中央の島嶼（本州，四国，九州；以下中央グループ）に分布することが明らかになった（図4.1）．この研究によってアカネズミの地域集団の系統関係が明らかになったが，この「地理的には遠く離れた周辺の島嶼群が分子系統上では近い関係にある」という不可思議な構造をどう理解するかが，その後の大きな謎として残された．Tomozawa and Suzuki (2008) は核遺伝子 *Rbp3* (*Irbp*) を用いて全国の個体のDNAを解析し，核遺伝子においてもミトコンドリアと同様に周辺島嶼に特徴的な系統が存在する傾向がみられるが，その系統関係はミトコンドリア系統のパターンとは完全には一致しないという結果を得た．核遺伝子とミトコンドリア遺伝子との間で島嶼集団間の系統関係が異なるのは，これらの島嶼集団が祖先集団における多型を共有した状態でつぎつぎに分岐したこと（incomplete lineage sorting）がおもな要因であると考えられる．また，ベイズ法による系統樹推定を行ったところ，周辺グループをまとめる枝の信頼度はあまり高くないことがわかった（図4.1）．アカネズミの場合，系統樹の外群に含める種によっても種内系統の枝の信頼性が変わってしまうという問題があるが，いずれにしてもこれらの結果は，北海道，佐渡，伊豆諸島，薩南諸島，および中央グループ（および対馬）の5-6グループがほとんど同時期に分かれたことを示唆するものである．さらにマイクロサテライトマーカー5遺伝子座を用

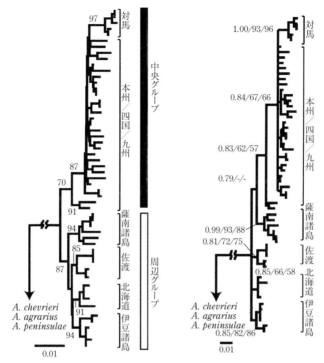

図 4.1 ミトコンドリア *Cytb* 遺伝子 (1140 bp) にもとづく系統樹. 左: NJ系統樹. 枝上の数値はブートストラップ値を示す. 右: ベイズ法による系統樹. 数値は左から事後確率/ML/MP のブートストラップ値.

いて集団遺伝構造を調べると,これらの 5 ないし 6 集団の存在を支持する結果を得た (Tomozawa, 2010). つまり,遺伝子系統の分布にみられた周辺対中央という不可思議な構造は,ほぼ同時期に周辺の島嶼集団が分化し,その後に中央の島嶼で 1 つの系統が優占するようになったために形成された構造であると考えることができる.

周辺グループに属する系統である佐渡島と伊豆諸島のアカネズミを対象に *Cytb* (1140 bp) を用いた系統解析を行い,アカネズミ属の他種の化石情報にもとづいてそれらの系統内にみられる最大の分岐の年代を推定したところ,それぞれ 18 (95% 信用区間; 32 万-8 万) 万年前,19 (95% 信用区間; 32 万-10 万) 万年前という結果を得た (Tomozawa *et al.*, 2014). しかしなが

ら近年，種内における分子進化速度は種間のそれに比べて数倍から数十倍も速い場合があることが示唆されており（たとえば，Herman and Searle, 2011），それを考慮すると，これらの推定値は多少過大評価になっている可能性がある．いずれにしてもこれらの結果から，アカネズミはおそらく最終間氷期（13万-12万年前）かそれ以前に周辺島嶼も含む日本列島の全域に急速に分布域を拡大し，その後，周辺島嶼集団が隔離されることによって系統を分化させたと考えられる．なお，周辺グループに含まれる北海道，佐渡島，伊豆諸島の島々は現在 200 m 以上の深い海峡によって隔てられており，海水面が現在よりも 100-130 m 程度低下したと考えられている氷期においてさえも陸橋によって接続したとは考えられない．したがって，これらの島のアカネズミたちは，おそらくは最終間氷期以前の時代に海を越えた漂流分散によって島にたどり着き，その後の氷期も絶滅することなくこれらの島に生息し続けてきたものと思われる．いったいなぜ漂流分散が起きたと思われる時期が海峡の幅やその他の条件の異なるそれぞれの島嶼で同調しているのかについては不明だが，可能性としては2つ考えられる．1つめは氷期に海水面が低下して海峡が狭まったときに漂流して定着したという可能性，2つめは温暖期に集団サイズが増加した結果，漂流が起きる確率が高くなり，その結果として島に高い確率で定着したという可能性である．アカネズミの場合，種内における進化速度を厳密に算出できるような化石証拠などの校正点が存在しないため，分子系統の分岐年代推定からどちらであるかを判断するのはきわめて困難である．したがって，現時点でどちらの可能性が高いのかは判断できないが，アカネズミのような小型の哺乳類にとって漂流した末に生きて島にたどり着く確率は，各時代を通じてさほど変わるとは思えない．それよりも，温暖期に個体数が増えることによって漂流イベントの発生率が多くなることで島に漂着する確率が上がると考えたほうが自然だと筆者は考えている．今後，より正確な種内の分子時計の開発や化石情報の充実などによって，詳細な周辺島嶼への分散の時期が明らかになることを期待したい．

以上のように，現存する遺伝子系統の分布からアカネズミの集団のたどってきた歴史を大まかに再構築することができた．しかし，こうした解析によって明らかにできることは，あくまで現存する系統が共通祖先にたどり着くまでの期間内のことだけである．冒頭で紹介したように，アカネズミは大陸

の同属の種から分かれた時期が非常に古く,核遺伝子による推定では660万年である (Suzuki et al., 2003). 一方,現存する系統がもっとも最近の共通祖先に行き着くまでの時間は,同属他種間の化石情報を用いて校正した分子時計を用いて推定すると約70万年で,95%信用区間のもっとも古い推定でも114万年程度である (Tomozawa et al., 2014). したがって,この間少なく見積もって約500万年という時間の開きがある.この間に起きたであろう集団サイズおよび分布域の変遷については,種内の系統関係のなかには情報がないことになる.この時代にアカネズミに起きたことを知るためのヒントを与えてくれるのが,アカネズミのもつもう1つの大きな遺伝的特徴である染色体変異である.

(2) 染色体変異

Tsuchiya et al. (1973) および土屋 (1974) は日本全国から採集したアカネズミについて染色体標本を作製し核型を調査して,アカネズミには日本列島の中部を南北に走るライン (ほぼ黒部川-天竜川で結ばれるラインに一致) を境界として東側で $2n = 48$,西側で $2n = 46$ という染色体数の違いがあることを見出した (図4.2). アカネズミ属の他種との比較によれば,もともとアカネズミの染色体数は $2n = 48$ であったことが推察されるため (Matsubara et al., 2004),過去のある時期,西日本において2つの末端動原体型染色体が動原体付近で融合し (ロバートソン型融合 Robertsonian fusion),その変異がなんらかの要因で広まったものと考えられる.また境界付近では $2n = 46$ と48の個体の交配によって生じる F_1 個体である $2n = 47$ の個体が捕獲される.染色体変異は一般的に減数分裂時の相同染色体の不分離によるヘテロ接合体の適応度の低下 (heterozygote disadvantage) を招く (White, 1968). アカネズミにおいても,このヘテロ接合体における減数分裂時の相同染色体不分離が確認されたため,当初アカネズミは染色体変異の境界を境に遺伝的分化を生じていく,いわば種分化の途上にあると考えられた (Saitoh and Obara, 1988). しかし,その後のアロザイム解析 (Saitoh et al., 1989) およびリボソームDNAのRFLP解析 (restriction enzyme length polymorphism; Suzuki et al., 1994) では,東西の染色体集団間では遺伝的に違いがみられないことが明らかになった.同様にSuzuki et al. (2004) は,

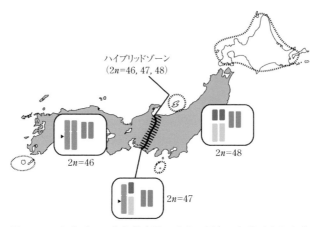

図 4.2 アカネズミの染色体変異の分布．灰色に色分けされた地域はミトコンドリア系統の中央グループの分布を示す．破線で囲われた地域は周辺グループの分布を示した．融合した染色体上に起きた変異（核型模式図中に黒矢尻で表示）は $2n=47$ の個体で組換えが起きない限り，核型境界線を越えることはない．

ミトコンドリア *Cytb* 遺伝子の塩基配列を比較して両者の間に違いがないことを報告している．また，核遺伝子の塩基配列やマイクロサテライトマーカーにも染色体変異を境界とした東西分化はみられない（Tomozawa and Suzuki, 2008；Tomozawa, 2010）．したがって，この染色体変異はほとんど遺伝的分化をともなっていないものと考えられる．

　これらの集団遺伝学的証拠によってアカネズミが染色体変異をきっかけとした種分化の途上にあるという可能性は低くなったものの，この核型多型がどのようにして現在のような東西二分の構造をもつにいたったのかは，アカネズミの集団が過去どのような歴史をたどってきたのかを考えるうえで大きなヒントを与えてくれる．現在，遺伝的分化がまったくみられないという事実からは，アカネズミの染色体変異が非常に最近に起きて急速に広まったか，過去に2つ以上の小さな集団に分断され，そのうちの1つで染色体数の異なる集団が形成された後，両者が分布域を広げ本州中央で邂逅し，その後，両集団間で滞りなく遺伝子流動が起きているという2つのシナリオが考えられる．染色体変異自体は一般的に有利でも不利でもないと考えられているが，前述のようにヘテロ接合体の適応度が低いと想定されるために，染色体変異

は基本的に集団中から失われていく傾向にある（Ayala and Colluzi, 2005; White, 1968）．しかしながら，もしこの染色体変異に強く連鎖した自然選択上有利な（適応的な）遺伝的変異が存在すれば，集団の縮小と拡大による個体の入れ替わりを想定しなくても，染色体変異が広まる可能性がある．そして，そうした変異が存在する可能性がもっとも高い領域は，融合にかかわった染色体上にある遺伝子である．そこで筆者らはFISH（fluorescent *in situ* hybridization）法およびマウス・ラットのゲノムデータベースの情報にもとづいて融合した染色体上の遺伝子を推定し，アカネズミにおけるそれらの遺伝子の染色体集団間の遺伝的分化をみた．その結果，融合染色体上の遺伝子でもほとんど分化がみられないことがわかった（Tomozawa, 2010）．これは $2n = 47$ の個体の減数分裂時に融合型の染色体と乖離型の染色体が通常どおり対合し，組換えが起こるためであると考えられる（図4.2）．結果として，染色体変異は維持されつつも遺伝的分化は起こっていないと考えられる．近年，この融合した染色体の動原体近傍の領域が特定されたが（Yamagishi *et al.*, 2012），もし今後これらの領域の遺伝的変異を詳細に解析し，自然選択上有利な突然変異が蓄積していることが発見されれば，染色体変異が近年拡大した可能性も考えられなくはない．しかしながら，現時点では融合にかかわった染色体上においても適応的な変異の蓄積が起きている可能性は低いため，この染色体変異が近年形成されたものである可能性は非常に低いと思われる．

したがって，いったん集団サイズの変動などにより分布域が縮小し，その後ふたたび拡大するというような大規模な集団の置き換わりのイベントによって，この染色体変異が現在のように広範囲に拡大したのだろうと考えるのが自然である．ところが，前項でみたように，現生のアカネズミの系統地理学的パターンにはそのような集団の置き換わりイベントがあったことを示唆する証拠はまったくみられない．また，種内系統のなかでも古くに分かれたと考えられる周辺グループの薩南諸島集団の核型は $2n = 46$ であるし，伊豆諸島や佐渡島は $2n = 48$ である（図4.2）．これらの事実を考慮すると，アカネズミの染色体変異の地理的分布は，前述のミトコンドリア系統の中央島嶼対周辺島嶼の系統地理学的パターンが構築されるより前の時代，つまり種の分岐（約660万年前）から現存する系統のもっとも最近の共通祖先の時代

(70万年前［95%信用区間；114万-50万年］）までの500万年の間に起きた集団サイズの縮小とその後の拡大によって生じたと考えるのが，現時点でもっとも自然である．

このアカネズミの染色体変異の東西分化の成り立ちを考えるうえで参考になると思われるのは，同じ陸生の小型哺乳類（トガリネズミ形目）であるヒミズ（*Urotrichus talpoides*）の染色体変異である．ヒミズも同様に，本州中央を南北に走るライン（黒部川-富士川）を境に東西で染色体構造が異なることが知られている（Harada *et al.*, 2001）．この染色体変異は近動原体逆位によるもので，ミトコンドリア系統は一部地域の例外を除き，基本的に染色体変異に対応している（Shinohara, 2008）．分岐年代推定はされていないが，2つの種で東西の分化パターンが酷似していることは，これらの地理的変異の創出メカニズムになんらかの共通点が存在することを示唆している．今後，両者を比較しながら染色体変異の東西分化を考えていくことは，日本列島の第四紀の環境変動とそれに対応した哺乳類の集団史を考えるうえで非常に有用だろう．また，東西二分化の傾向は哺乳類にとどまらず，植物などにも共通してみられるようである．とくに日本固有の広葉樹にはいくつかの種で種内に東西で分化した2系統がみられ，その東西分化は過去の氷期において東西2つ以上の退避地が存在したことによるものと考えられている（Aoki *et al.*, 2011）．これらの情報を総合して考えると，アカネズミの染色体変異が過去日本列島に起きた東西分化のイベントを反映している可能性は十分にある．今後，これらの東西分化のみられる生物たちのそれぞれで詳細な分岐年代推定がなされて，複数の種における東西分化の年代を比較することができれば，個々の種でみられる分化がたがいに関係しているかどうかも含めて，日本列島で起きたかもしれない大イベントの様相を明らかにできるかもしれない．

以上のように，本種の集団史を再構築するうえでは大きく3つのクリアすべき課題があることがわかる．それが本種の集団史推定を困難に，そしていっそう興味深いものにしている．第1に，アカネズミは北海道・本州・四国・九州およびその属島を含むほぼ日本全国に分布している．これらのうち，周辺の島嶼のいくつかは現在200 m以上の深い海峡で本州・四国・九州陸塊と隔てられており，したがって過去の氷期に海水面が低下した時期におい

ても，一度も陸続きになったことはないと考えられる．いったいいつ，どのようにして，こうした深い海峡を越えて島嶼集団が形成されたのかは，アカネズミの歴史を考えるうえで重要な点である．とくに北海道と本州を隔てる津軽海峡はブラキストン線として知られ，日本列島の陸生哺乳類相はこの海峡を隔てて大きく異なる．こうした大きな障壁をアカネズミたちはどのように越えたのだろうか．第2に，ミトコンドリア遺伝子を用いた系統解析では，周辺に位置する島嶼と本州・四国・九州からなる中央島嶼という2つのグループが存在するという不可思議な構造がみられることがわかっている．こうした構造がどのようにしてつくられたのかも考慮されなければならない．第3に，東西で明確に分化した染色体変異の存在は，前述のように，かつてアカネズミが2つ以上の遺伝的集団に分かれていたことを示唆するが，いつ，どのようにしてこの分集団化が生じたのかは，アカネズミの歴史を考えるうえでもっとも重要なポイントである．アカネズミの集団史を再構築する際には，これらの状況証拠のすべてを矛盾なく説明できる集団史モデルを組み立てる必要がある．この意味において，ここで紹介した集団史モデル，すなわち染色体変異の東西構造ができあがった後に，周辺島嶼が同時多発的に分化することで分子系統にみられる周辺対中央の構造ができあがったと考えるのが，現時点でもっとも適切だろうと思われる．

4.2　伊豆諸島におけるアカネズミの毛色多型

（1）　毛色多型の整理と集団史の推定

　通常，アカネズミは背側が赤褐色からオレンジ色，腹側が白色の美しいツートンカラーをしているが，伊豆諸島に生息する集団は毛色が多様であることが知られている．とくに三宅島に生息する集団は腹側の毛が明らかに背側と同じ赤褐色に色づき，背腹の境界が曖昧になる．Imaizumi（1969）は，この色の違いのほかにもいくつかの固有の形質をあげて，三宅島の集団を別種 *A. miyakensis* として記載したが，現在は亜種とするのが一般的である（Kageyama et al., 2009）．また，大島において季節によって腹側の毛色が変化することが，博物館標本の観察にもとづいて報告されているほか（今泉,

1969)．その他の島嶼でも同様な毛色をもつ個体がみられるという報告があるが（宮尾ほか，1969），これまで伊豆諸島における毛色多型がなぜ，どのようにして形成されたのかは不明であった．

　この毛色多型の進化メカニズムを解明するために，筆者らはまず伊豆諸島における毛色多型を定量的に把握することを試みた（Tomozawa *et al.*, 2014）．伊豆諸島の島（大島・新島・神津島・三宅島）および伊豆半島の下田市からアカネズミを採集し，その毛色を腹側の毛色のパターンによって5つのカテゴリーに分類して，それらの各集団における割合を比較した．その結果，三宅島では個体によって色の濃さの程度は異なるものの，すべての個体で腹側が赤褐色を呈しており，またとくに尾の腹側が暗い色を呈することがわかった．ほかにも大島では腹側の毛色がわずかに赤褐色を呈する個体が捕獲されたが，その体色のパターンは三宅島の個体とは明らかに異なっており，とくに尾の腹側でその違いが顕著であった．さらに，この色の違いを定量化するために，伊豆諸島から採取したアカネズミの毛皮の色を分光色差計によって計測し，比較した．その結果，三宅島のアカネズミは背腹ともに本州やその他の伊豆諸島の集団よりも有意に色の明度が低い，すなわち色が暗いことがわかった．また大島や伊豆半島の集団にも腹側の毛色がわずかに暗い個体がいたものの，その程度は三宅島のものに比べて低いことがわかった．さらに，全身で色が暗くなる三宅島タイプの毛色は本州やその他の伊豆諸島の集団にはまったくみられないことから，本州に存在していた毛色タイプの1つがたまたま三宅島で広まったのではなく，三宅島にアカネズミが渡ってから島内で独自に進化したものであることが推察された．大島と新島および三宅島の個体を同一環境で1年間飼育しても，毛色の関係は大きく変化しなかったため，これらの島集団間の毛色の違いは季節変化によるものではないと考えられる．新生仔の幼毛においても三宅島の個体の毛色パターンには明確に差がみられたため，少なくとも三宅島の毛色については環境条件によって可塑的に変化する形質ではなく，遺伝的に決まっている形質だと考えられる．

　こうした毛色の差をもつ伊豆諸島のアカネズミ集団がそもそもどのような経緯で形成されたのかを明らかにするために，島集団の個体を用いてミトコンドリア *Cytb* 遺伝子（1140 bp）にもとづく系統解析およびマイクロサテラ

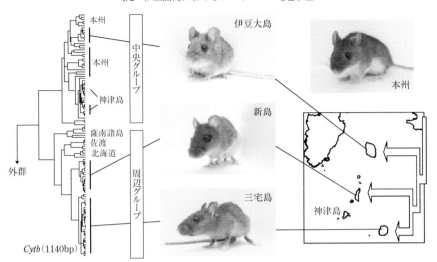

図 4.3 ミトコンドリア *Cytb* 遺伝子の塩基配列（1140 bp）にもとづく系統樹（左）と伊豆諸島のアカネズミの毛色多型．系統樹はベイズ法による推定．地図上の矢印は複数遺伝子座の情報にもとづいて推定された集団の分岐過程を示す．

イト7遺伝子座にもとづく集団遺伝解析を行った．その結果，新島，三宅島のアカネズミはおおよそ19（95％信用区間；32万-10万）万年前に1つの祖先集団から派生し，その後の本州との遺伝的交流がほとんどない隔離された集団であることがわかった（図4.3）．一方，大島の集団はミトコンドリア系統では本州の集団に近い系統（前述の中央グループ）に含まれたが，核遺伝子系統やマイクロサテライトの対立遺伝子頻度による類縁関係の推定では新島・三宅島集団と近いこと（Tomozawa and Suzuki, 2008; Tomozawa et al., 2014）や，マイクロサテライトの遺伝子多様度が高く本州からの移入が想定されることなどから，おそらく三宅島や新島と同時期に同一祖先集団から形成されたが，その後の二次的な本州からの個体の移入の影響を受けて，ミトコンドリア系統が周辺グループから中央グループの系統に置き換わったものと考えられた．神津島も中央グループの系統を保有していたが，単系統ではなく，明らかに大島，三宅島，新島の集団よりも近年になって形成されたものと考えられた．神津島のアカネズミ集団の起源に関しては，先史時代の黒曜石交易に関連した人為的な移入の可能性も示唆されているが（Kageyama et al., 2009），その歴史を詳細に解明するためには化石からの

DNA抽出など新たなアプローチを用いた解析を行う必要がある．いずれにしても，以上の結果と4.1節でみた全国における集団史を考慮すると，神津島を除く大島・新島・三宅島の集団はおそらく最終間氷期の約12万年前（あるいはそれ以前）に1つの祖先集団から派生した集団であると考えられる．また三宅島や新島の遺伝的多様性は低く，これらの島では移入の際の遺伝的多様性の減少とその後の隔離の程度が強いことが示唆された．

（2） 毛色関連遺伝子の多型と毛色多型

アカネズミの伊豆諸島集団の毛色の多型をあらためて整理すると，以下のようになる．まず三宅島では，個体差はあるものの暗い毛色をもつ個体しか捕獲されない．この三宅島の毛色は独自のもので，本州やその他の伊豆諸島にはこの毛色をもつ個体はみられない．大島にも一定の割合で腹側が暗い毛色をもつ個体が観察されたが，その毛色パターンや色づきの程度は明らかに三宅島のそれとは異なる．さらにこれらの大島，新島，三宅島の集団は分子系統解析より1つの祖先集団から派生したものと考えられる．したがって，伊豆諸島の島々の集団はもともと三宅島のような毛色をしていたのではなく，それぞれの島集団が成立した後に，三宅島島内で独自の毛色の変化が起こったものと思われる．そこで浮かんでくるつぎなる疑問としては，この毛色の変化はまったくの偶然で三宅島集団で起こり，定着したのか（遺伝的浮動），あるいはなにか必然的な理由があって，たとえば三宅島の生態系においてその毛色が適応的であったために自然選択によって固定されたのかという問題である．

一般的にこうした地域独自の性質は，その土地の生態系への適応といういわば"必然"的な効果と，遺伝的浮動やほかの集団からの遺伝子流動といったその性質が適応的かどうかとは無関係な"偶然"という2つの効果のバランスによって形成されるものと考えられている（たとえば，Storfer et al., 1999; Hendry et al., 2002; Postma and van Noordwijk, 2005）．通常，DNAの多型解析に用いられる遺伝子は適応とは関係しないので，DNAの多型解析によって明らかになる集団史は偶然のプロセスのみを反映したものと考えられる．したがって，DNA多型解析にもとづいて集団史を明らかにしたうえで，その地域固有の表現型を解析することによって，注目している地理的

変異の進化に偶然と必然の効果のどちらがより強く効いているのかを明らかにすることができる．島集団のように現在，遺伝的交流がほとんどない集団において両者を区別することは非常にむずかしいが，もしこの三宅島における毛色の変化にかかわった遺伝子の変異を直接とらえることができれば，伊豆諸島の毛色多型がどのように進化してきたのかについて詳細に理解することができる．

そこで筆者らは近年，さまざまな脊椎動物において体色との関連が示唆されている遺伝子（*Asip* および *Mc1r*）に着目し，伊豆諸島の集団間で比較した．これらの遺伝子は毛包内の色素細胞（メラノサイト）において，黒色の色素と黄色の色素のどちらをつくるかを決める役割をもつ．MC1R タンパク質は G タンパク質共役型受容体タンパク質スーパーファミリーに属する 7 回膜貫通型の受容体タンパク質であり，αメラノコルチン刺激ホルモン（αMSH）およびそのアンタゴニストである ASIP を受容して，そのシグナルをメラノサイト内に伝達する機能をもつ．MC1R が αMSH を受容した場合，細胞内の環状 AMP 濃度の上昇を経て黒色のユーメラニンが産生されるが，ASIP を受容すると黄色のフェオメラニンが産生される．産生された色素はケラチノサイトに運ばれ，最終的に成長中の毛に取り込まれる（Lamoreaux *et al.*, 2010）．これらの毛色関連遺伝子 *Asip* および *Mc1r* のエクソン領域の全塩基配列を決定して伊豆諸島の島間で比較した結果，*Asip* には 77 番目のアミノ酸をリジンからアルギニンに変えるアミノ酸変異をともなう塩基配列の変異と 3'UTR 領域の 26 bp の欠失が，*Mc1r* には MC1R タンパク質の第 2 膜貫通領域のアミノ酸をトレオニンからイソロイシンに変える変異という合計で 3 つの変異が三宅島に特異的にみられることがわかった（図 4.4）．他種では *Mc1r* のこの領域のアミノ酸変異が毛色に大きく影響していることが知られているほか，*Asip* のアミノ酸変異は *Mc1r* との結合部位の 15 アミノ酸残基手前に位置し（McNulty *et al.*, 2005），プロテインキナーゼのリン酸化部位である可能性が見出された．さらに，ヒトでは *Asip* の 3'UTR の変異もその機能に影響している可能性が示唆されている（Voisey *et al.*, 2006）．したがって，これらの変異のすべてに三宅島の毛色と関連がある可能性がある．

さらに，これらの変異と毛色との関係を把握するため，日本のほかの地域

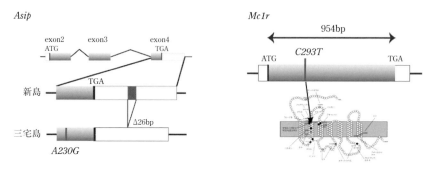

図 4.4 三宅島特異的にみられた *Asip* および *Mc1r* の変異. *Asip* には第4エクソンのコード領域にアミノ酸変異をともなう塩基配列の変異および3'UTR に 26 bp の欠失がみられた. 一方, *Mc1r* にはコード領域の第2膜貫通領域にアミノ酸変異をともなう塩基配列の変異がみられた. MC1Rタンパク質の分子モデル中での変異サイトの位置を矢印で示した.

表 4.1 各集団ごとの遺伝子型頻度.

	Asip						*Mc1r*		
	A230G			3'UTR deletion					
	AA	AG	GG	−/−	+/−	+/+	CC	CT	TT
下田 (伊豆半島: $n=14$)	1.00	0.00	0.00	0.15	0.46	0.38	0.93	0.07	0.00
大島 ($n=22$)	1.00	0.00	0.00	0.85	0.05	0.10	1.00	0.00	0.00
新島 ($n=17$)	1.00	0.00	0.00	1.00	0.00	0.00	1.00	0.00	0.00
三宅島 ($n=31$)	0.00	0.00	1.00	0.00	0.00	1.00	0.00	0.00	1.00
伊豆諸島以外の地域* ($n=55$)	0.94	0.06	0.00	0.51	0.21	0.28	0.69	0.16	0.15

*伊豆諸島以外の地域は北海道, 本州, 四国, 九州, 薩南諸島などを含む.

のサンプルを用いて変異の地理的な分布を調査した. その結果, *Asip* の欠失および *Mc1r* のアミノ酸変異は本州など伊豆諸島以外の広い地域にも比較的多く存在しており, 一定の頻度でホモ接合体も観察された (表4.1). このことは, これらの変異が単独では毛色に大きな影響を与えていないことを示唆する. しかしながら, *Asip* の非同義変異に着目すると, 日本列島のほかの地域からは調べた55個体のうち3個体のみにみつかり, それらはすべてヘテロ接合体で広い地域 (宮崎県・静岡県・新潟県) に分散して存在していた. したがって, この *Asip* の変異は単独でも三宅島の独自の毛色の発現に影響している可能性が高い. また広い地域に存在するということは, この変異が三宅島の集団やその祖先集団において最近生じたものではなく, アカ

ネズミ集団のなかに低頻度で維持されてきた変異であると考えられる．このような非常に低頻度の変異が偶然三宅島のみで固定されることは考えにくいため，この変異は自然選択の影響を受けているのではないかと考えられる．毛色に影響を与える遺伝子としては，調べた2つの遺伝子以外にも200種類以上の遺伝子がかかわっていることが示されているため（Lamoreux *et al.*, 2010），上記の変異以外にも毛色に影響を与える遺伝的変異は数多くあると考えられる．しかしながら，三宅島のアカネズミだけが独特の毛色をもっており，これらの変異すべてをあわせもつ集団が三宅島以外にいないということ，そして *Asip* のアミノ酸変異をともなう塩基配列の変異をホモ接合でもつ個体は三宅島以外に存在しないという事実は，これらの変異の組み合せあるいは *Asip* のアミノ酸変異が三宅島独自の毛色の発現にかかわっている可能性が高いことを示している．

（3） 毛色多型の進化メカニズムについて

以上のように，アカネズミの毛色多型は *Asip* および *Mc1r* の塩基配列の変異が三宅島で蓄積すること，あるいは *Asip* のアミノ酸変異単独によって生じたらしいことがわかってきたが，ではなぜ三宅島でのみそのような変異が集団に固定されたのだろうか．現在の集団の遺伝的多様性を考慮すると，少なくとも以下の2つの中立的な（偶然の）プロセスがこの毛色の多型の形成にかかわっていると考えることができる．1つは，島集団を形成した創始者の個体数が通常祖先集団の個体数と比べると少ないために，島集団の対立遺伝子の構成は祖先集団とは大きく異なることがあるという効果（創始者効果）である．この効果はとくに列島などにおいて親集団からの地理的な距離が近い島から順に飛び石的につぎつぎに移入していくような場合，親集団から近い島よりも遠い島の集団のほうに強く現れることが示されている（Clegg *et al.*, 2002）．伊豆諸島のアカネズミ集団の遺伝的多様性にも，本州からの距離が遠い三宅島および新島の集団で遺伝的多様性の減少が顕著にみられた．本州ではかなり低頻度の対立遺伝子が三宅島においてのみ固定されていることの背景には，こうした効果の影響も考えられる．

もう1つの効果としては，本州からの二次的な遺伝子流動の効果が考えられる．遺伝子流動はその土地の環境への適応とは無関係に起きるので，自然

選択によって適応的な遺伝的変異を地域集団に固定しようとする効果を妨げる働きがあると考えられている（たとえば，Hendry *et al.*, 2002；Postma and van Noordwijk, 2005）．遺伝的多様性を調べた島集団のうち，大島においては集団の創始イベント以降にも本州からの二次的な交流があったことが示唆された．大島における2回以上の本州との遺伝的交流はほかの陸生動物においても示唆されている（Kuriyama *et al.*, 2011）．またシモダマイマイ（*Euhadra peliomphala shimodae*）やオカダトカゲ（*Plestiodon latiscutatus*）などその他の陸生動物でも，かなり最近に伊豆諸島への移入があったことが示唆されている（Hayashi and Chiba, 2004；Okamoto *et al.*, 2006）．したがって，大島においては本州からの遺伝子流動によって適応進化が妨げられている可能性も考えられる．

　一方，自然選択の効果を考えなければ，なぜもともと本州と同じ毛色をもっていたはずのアカネズミが三宅島のみで毛色を変化させたのかや，それに対応するように非常に低頻度の *Asip* や *Mc1r* の変異がなぜ三宅島でのみみられるのかの説明はむずかしい．現時点でどのような自然選択が働いたのかは不明であるが，毛色が大島で多型的になっていることは，大島と三宅島で似通った自然選択圧が働いていることを示唆している．このことに着目すると，1つの仮説として暗い毛色が保護色として働いたことが考えられる．伊豆諸島の島々はそれぞれ火山島であるが，島を形成する溶岩の成分が大きく異なっている．三宅島および大島は黒い玄武岩質の溶岩から，新島や神津島は白い流紋岩質の溶岩からなっており，溶岩の色が顕著に異なる（図4.5）．こうした生息環境の色の違いが捕食者からのみつかりやすさに影響を与えた結果，独自の毛色が進化したという可能性が考えられる．大島と三宅島で溶岩の色が同じであるにもかかわらず，三宅島でのみ顕著な毛色の変化が起きていることに関しては，先述の創始者効果と遺伝子流動を考慮すると以下のように説明がつく．つまり，大島および三宅島の双方に暗い毛色が好まれるような自然選択がかかっているものの，その選択圧はさほど強くないため，ある程度集団中の頻度が高くなければ遺伝的浮動との拮抗関係によってなかなか集団全体への固定にはいたらない．しかし，本州からの距離がより遠く，複数回の創始イベントを経て形成された三宅島の集団では，創始者効果による対立遺伝子頻度の変化が大きく自然選択による変異の固定が可能だった．

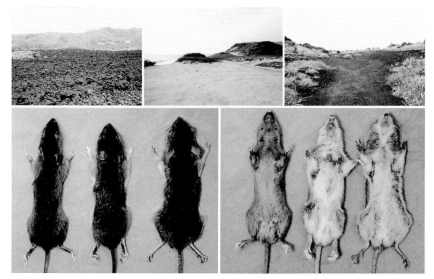

図 4.5 伊豆諸島のアカネズミの生息環境と体色の対応. 上段：各島の生息環境の色（左から三宅島，新島，大島）. 下段：アカネズミの体色（左から三宅島，新島，大島）.

また，大島では二次的な遺伝子流動によって適応的な対立遺伝子が集団に固定することが妨げられていたことも，大島で毛色が変化しなかった原因になったのではないかと思われる．同じような背景色と毛色との対応は，北米大陸に生息しアカネズミ属と類似の生態的位置を占めているシロアシマウス属（*Peromyscus*）のハイイロシロアシマウス（*P. polionotus*）やシカシロアシマウス（*P. maniculatus*）において報告されている（Hoekstra, 2006；Linnen *et al.*, 2013）．しかも，これらの種では前出の *Mc1r* や *Asip* といった遺伝子に起きた特定のアミノ酸変異が選択されることで地域適応が起きていることが示されている．またアメリカ・ニューメキシコ州のホワイトサンズに生息するトカゲ類 3 種でも，同様な生息環境の色に対応した体色の変異が報告されている（Rosenblum, 2006）ことなどから考えても，同様なメカニズムが伊豆諸島のアカネズミにも働いている可能性は高い．ただし，こうした毛色と生息地の背景色とのマッチングによる選択圧の違いが伊豆諸島のアカネズミにも実際にあるかどうかは，捕食者からどうみえているかやアカネズミがこれらの島においてどの程度溶岩の露出した環境を利用しているのかな

ども含め，詳細な生態学的調査により検証していく必要があるだろう．

　以上のように集団の形成の歴史，現在の遺伝的多様性，毛色関連遺伝子の変異を総合して考えると，伊豆諸島におけるアカネズミの毛色多型は創始者効果による適応的な変異の対立遺伝子頻度の増加と自然選択，そしてそれに拮抗する遺伝子流動の効果の重層的な影響の結果として形成されたものであると考えることができる．こうした地域固有の環境への形態的適応が起こるかどうかは，選択圧の強さと遺伝子流動の量とのバランスで決まると考えられるが，伊豆諸島のような隔離された島集団においては，創始者効果も重要な働きをすると考えられる．伊豆諸島のアカネズミの毛色多型にみられるこうしたメカニズムは，ほかの大陸島など"マイルドに"隔離された島集団においても適用できるのではないだろうか．

　われわれはどこからきたのか．われわれは何者か．われわれはどこへ行くのか．われわれ人間に対するこうした根源的な問いは芸術や哲学などの領域で扱われてきた．本章では，同様の問いをアカネズミという小さな隣人たちに振り向けることで，彼らがどのような歴史をたどってきたのかを考えた．紹介した一連の研究によって，現在日本列島のほぼ全域に生息するこのネズミがいつごろどのようにして分布を広げたのかを解明することができた．さらにその結果明らかになった集団の歴史に，地域固有の表現型の変異をあわせて考えることで，その地域変異の進化の仕組みを推定した．こうした研究において，小さな島嶼からなる日本列島に普通種として生息し，毛色以外にもさまざまな生態・形態的多様性をもつアカネズミは非常に有用な種であることは間違いないだろう．今後，全ゲノムにわたる詳細な遺伝的多様性の情報にもとづいて，さらに正確な集団史が明らかにされ，さまざまな地域変異の進化メカニズムの理解が進むことで，私たちを取り巻く生態系がもつ歴史とかけがえのなさが再確認されることを期待したい．

引用文献

Aoki, K., M. Kato and N. Murakami. 2011. Phylogeography of phytophagous weevils and plant species in broadleaved evergreen forests: a congruent genetic gap between western and eastern parts of Japan. Insects, 2 : 128-150.

Avise, J. C. 2000. Phylogeography: The History and Formation of Species. Harvard University Press, Cambridge.

Ayala, F. J. and M. Coluzzi. 2005. Chromosome speciation: humans, drosophila, and mosquitoes. Proceedings of National Academy of Sciences of the United States of America, 102: 6535-6542.

Clegg, S. M., S. M. Degnan, J. Kikkawa, C. Moritz, A. Estoup and I. P. F. Owens. 2002. Genetic consequences of sequential founder events by an island-colonizing bird. Proceedings of the National Academy of Sciences of the United States of America, 99: 8127-8132.

Harada, M., A. Ando, K. Tsuchiya and K. Koyasu. 2001. Geographical variations in chromosomes of the greater Japanese shrew-mole, *Urotrichus talpoides* (Mammalia: Insectivora). Zoological Science, 18: 433-442.

Hayashi, M. and S. Chiba. 2004. Enhanced colour polymorphisms in island populations of the land snail *Euhadra peliomphala*. Biological Journal of the Linnean Society, 81: 417-425.

Hendry, A. P., E. B. Taylor and J. D. McPhail. 2002. Aadaptive divergence and the balance between selection and gene flow: lake and stream stickleback in the misty system. Evolution, 56: 1199-1216.

Herman, J. S. and J. B. Searle. 2011. Post-glacial partitioning of mitochondrial genetic variation in the field vole. Proceedings of the Royal Society B: Biological Sciences, 278: 3601-3607.

Hoekstra, H. E. 2006. Genetics, development and evolution of adaptive pigmentation in vertebrates. Heredity, 97: 222-234.

Imaizumi, Y. 1964. On the species formation of the *Apodemus speciosus* group, with special reference to the importance of relative values in classification. II. Bulletin of National Science Museum of Tokyo, 7: 127-177.

今泉吉典. 1969. オオシマアカネズミの腹毛に見られる性的及び季節的多型について. 哺乳動物学雑誌, 4: 102-106.

Imaizumi, Y. 1969. A new species of *Apodemus speciosus* group from Miyake Island, Japan. Bulletin of the National Science Museum of Tokyo, 12: 173-177.

Kageyama, M., M. Motokawa and T. Hikida. 2009. Geographic variation in morphological traits of the large Japanese field mouse, *Apodemus speciosus* (Rodentia, Muridae), from the Izu Island group, Japan. Zoological Science, 26: 266-276.

Kawamura, Y. 1989. Quaternary rodent faunas in the Japanese islands (Part 2). PhD thesis, Kyoto University, Japan.

河村善也・亀井節夫・樽野博幸. 1989. 日本の中・後期更新世の哺乳動物相. 第四紀研究, 28: 317-326.

Kuriyama, T., M. C. Brandley, A. Katayama, A. Mori, M. Honda and M. Hasegawa. 2011. A time-calibrated phylogenetic approach to assessing the phylogeography, colonization history and phenotypic evolution of snakes in the

Japanese Izu Islands. Journal of Biogeography, 38：259-271.

Lamoreux, M. L., V. Delmas, L. Larue and D. Bennett. 2010. The Colors of Mice: A Model Genetic Network. John Wiley & Sons, Chichester.

Linnen, C. R., Y. P. Poh, B. K. Peterson, R. D. Barrett, J. G. Larson, J. D. Jensen and H. E. Hoekstra. 2013. Adaptive evolution of multiple traits through multiple mutations at a single gene. Science, 339：1312-1316.

Matsubara, K., C. Nishida-Umehara, K. Tsuchiya, D. Nukaya and Y. Matsuda. 2004. Karyotypic evolution of *Apodemus* (Muridae, Rodentia) inferred from comparative FISH analyses. Chromosome Research, 12：383-395.

McNulty, J. C., P. J. Jackson, D. A. Thompson, B. Chai, I. Gantz, G. S. Barsh, P. E. Dawson and G. L. Millhauser. 2005. Structures of the agouti signaling protein. Journal of Molecular Biology, 346：1059-1070.

宮尾嶽雄・毛利孝之．1967．日本列島における小哺乳類の地理的変異 II　アカネズミの地理的変異第 1 報　尾長，仙尾椎骨数，後足長，臼歯列長ならびに頭骨の相対生長．成長，6：38-48.

宮尾嶽雄・毛利孝之・柳平坦徳．1969．離島の小哺乳類に関する研究 II　伊豆大島のアカネズミ．哺乳動物学雑誌，4：132-140.

Nosil, P. 2009. Adaptive population divergence in cryptic color-pattern following a reduction in gene flow. Evolution, 63：1902-1912.

Okamoto, T., J. Motokawa, M. Toda and T. Hikida. 2006. Parapatric distribution of the lizards *Plestiodon* (formerly Eumeces) *latiscutatus* and *P. japonicus* (Reptilia: Scincidae) around the Izu Peninsula, central Japan, and its biogeographic implications. Zoological Science, 23：419-425.

Postma, E. and A. J. van Noordwijk. 2005. Gene flow maintains a large genetic difference in clutch size at a small spatial scale. Nature, 433：65-68.

Rosenblum, E. B. 2006. Convergent evolution and divergent selection: lizards at the White Sands ecotone. American Naturalist, 167：1-15.

Saitoh, M. and Y. Obara. 1988. Meiotic studies of interracial hybrids from the wild population of the large Japanese field-mouse, *Apodemus-speciosus-speciosus*. Zoological Science, 5：815-822.

Saitoh, M., N. Matsuoka and Y. Obara. 1989. Biochemical systematics of 3 species of the Japanese long-tailed field mice *Apodemus speciosus*, *Apodemus giliacus* and *Apodemus argenteus*. Zoological Science, 6：1005-1018.

Serizawa, K., H. Suzuki and K. Tsuchiya. 2000. A phylogenetic view on species radiation in *Apodemus* inferred from variation of nuclear and mitochondrial genes. Biochemical Genetics, 38：27-40.

Shinohara, A. 2008. Molecular phylogeny and phylogeography of the family Talpidae (Eulipotyphla, Mammalia). PhD thesis, Hokkaido University, Japan.

Shintaku, Y., M. Kageyama and M. Motokawa. 2012. Morphological variation in external traits of the large Japanese field mouse, *Apodemus speciosus*. Mammal Study, 37：113-126.

Storfer, A., J. Cross, V. Rush and J. Caruso. 1999. Adaptive coloration and gene flow as a constraint to local adaptation in the streamside salamander, *Ambystoma barbouri*. Evolution, 53: 889–898.

Suzuki, H., K. Tsuchiya, M. Sakaizumi, S. Wakana and S. Sakurai. 1994. Evolution of restriction sites of ribosomal DNA in natural-populations of the field-mouse, *Apodemus speciosus*. Journal of Molecular Evolution, 38: 107–112.

Suzuki, H., J. J. Sato, K. Tsuchiya, J. Luo, Y. P. Zhang, Y. X. Wang and X. L. Jiang. 2003. Molecular phylogeny of wood mice (*Apodemus*, Muridae) in East Asia. Biological Journal of the Linnean Society, 80: 469–481.

Suzuki, H., S. P. Yasuda, M. Sakaizumi, S. Wakana, M. Motokawa and K. Tsuchiya. 2004. Differential geographic patterns of mitochondrial DNA variation in two sympatric species of Japanese wood mice, *Apodemus speciosus* and *A. argenteus*. Genes & Genetic Systems, 79: 165–176.

Tomozawa, M. 2010. Population history and mechanisms of population genetic structuring of the large Japanese wood mouse (*Apodemus speciosus*). PhD thesis, Hokkaido University, Japan.

Tomozawa, M. and H. Suzuki. 2008. A trend of central versus peripheral structuring in mitochondrial and nuclear gene sequences of the Japanese wood mouse, *Apodemus speciosus*. Zoological Science, 25: 273–285.

Tomozawa, M., M. Nunome, H. Suzuki and H. Ono. 2014. Effect of founding events on coat colour polymorphism of *Apodemus speciosus* (Rodentia: Muridae) on the Izu Islands. Biological Journal of the Linnean Society, 113: 522–535.

土屋公幸．1974．日本産アカネズミ類の細胞学的および生化学的研究．哺乳動物学雑誌，6: 67–87.

Tsuchiya, K., K. Moriwaki and T. H. Yosida. 1973. Cytogenetical survey in wild populations of Japanese wood mouse, *Apodemus speciosus* and its breeding. Experimental Animals, 22: 221–229.

Voisey, J., M. del C. Gomez-Cabrera, D. J. Smit, J. H. Leonard, R. A. Sturm and A. van Daal. 2006. A polymorphism in the agouti signalling protein (ASIP) is associated with decreased levels of mRNA. Pigment Cell Research, 19: 226–231.

White, M. J. D. 1968. Models of speciation. Science, 159: 1065–1070.

Yamagishi, M., K. Matsubara and M. Sakaizumi. 2012. Molecular cytogenetic identification and characterization of Robertsonian chromosomes in the large Japanese field mouse (*Apodemus speciosus*) using FISH. Zoological Science, 29: 709–713.

II
生態・生活史

5 アカネズミの採餌行動
植物個体内変異がつくりだすばらつきへの対応

島田卓哉

　同じ植物個体から生じている葉や実であってもすべて同じ形，同じ大きさではない．あたりまえすぎて見落としてしまいがちな現象であるが，動物にとっては餌となる葉や実が均質なほうがよいのだろうか．それともばらつきがあったほうがよいのだろうか．また，実際に葉や実が均質かばらついているかといったことを基準にして，動物は採餌場所となる植物を選んでいるのだろうか．その結果は，植物の被食率などに反映されるのだろうか．これらの問題に答えていくことは，自然条件下での動物の採餌行動を左右するメカニズムを解明するうえで重要なだけではなく，植物の生存や繁殖という点においても興味深い課題である．

　近年，スペインの生態学者 C. M. ヘレラは，このような植物の個体内変異に焦点をあてた書籍 "Multiplicity in Unity" (Herrera, 2009) を著し，植物個体内変異の大きさは動物の採餌行動に影響し，その結果は植物自身の繁殖成功に反映される可能性を論証した．それと同時に，植物個体内変異と動物の採餌行動との関係に関して，実証的な野外研究は現在までほとんど行われていないということも記している．これから本章で紹介するのは，このようなトピックに関する数少ない研究例である．種子形質の植物個体内変異が動物の採餌行動にどのような影響をおよぼすのかを，アカネズミによるコナラ堅果の持ち去り行動を例として考えてみたい．

5.1　餌のパッチ性と採餌戦略

　動物からみて，餌は一様に分布していることは少なく，通常は密度の高い

ところと低いところがモザイク状に分布している．餌密度の高い場所を，生態学的にはパッチ（patch）と称する．たとえば，アリクイにとっては点在するアリ塚が採餌のためのパッチとなると考えられるし，動物の糞を利用する食糞性昆虫にとっては糞の塊がパッチとなるだろう．

それぞれのパッチに含まれる餌の質や量にはばらつきが存在するため，パッチの質にも変異が存在する．また，1 つのパッチを利用し続けると，そのパッチにおける餌量は徐々に減少していく．そのため，どのパッチを採餌場所として選択するか，そしていつまでそのパッチで採餌を続けるかが，効率的な採餌のためには重要である．最適採餌理論はこれらの問題に答えるための枠組みを提供し，これにもとづいて 1960 年代から数多くの研究が行われてきた（Stephens and Krebs, 1986）．

どのパッチを採餌場所として選択するかという問題は，採餌者がなにを基準にしてパッチの好適性を評価しているのかという問題と切り離すことができない．もっともシンプルな採餌モデルでは，採餌者はパッチから得られる餌量の期待値（平均値）にもとづいてパッチの好適性を判断すると考える．同質の餌が毎時 4 個捕れるパッチと 2 個捕れるパッチでは，前者のほうが好適だということは容易に理解できる．では，パッチから得られる餌量に変動がある場合はどうだろうか．Caraco *et al.* (1980) はヒワの仲間であるユキヒメドリを用いて，以下のような先駆的な実験を行った．2 つのパッチを人工的に用意し，片方のパッチでは餌となる種子がいつも 4 個含まれるが，もう一方のパッチでは種子が 1 個の場合と 7 個の場合が 2 分の 1 の確率でランダムに存在する．どちらのパッチも得られる餌量の期待値は等しいが，ばらつきが異なるという条件になっている．結果は，十分な餌を事前に摂取し空腹ではないときには，ユキヒメドリは餌量に変動のないパッチを選択するが，空腹なときには変動のあるパッチを選択するというものであった．十分な蓄えがある場合にはなるべく確実なパッチを選ぶが，蓄えが足りない場合には危険を冒してでも多くの餌が捕れる可能性のあるパッチを選択する必要があるのだろう．

このようにパッチの変動性が行動に影響をもつような採餌をリスク感応型採餌（risk-sensitive foraging），あるいはばらつき感応型採餌（variance-sensitive foraging）といい，変動のないパッチへの選好をリスク（ばらつき）

回避的（risk- または variance-averse），変動のあるパッチへの選好をリスク（ばらつき）受容的（risk- または variance-prone）であると表現する（Real and Caraco, 1986）．ユキヒメドリの例のようなリスク感応型採餌に関する研究によって，パッチ状に分布する資源に対する採餌者の反応を理解するうえで，平均値にともなうばらつきを考慮することが非常に重要であることが示されてきた（Kacelnik and Bateson, 1996; Shafir, 2000）．しかしながら，これまでの研究は基本的に餌の量のばらつきに注目しており，餌に含まれる栄養成分や防御物質といった餌の質のばらつきを対象とした研究はほとんど行われてこなかった．

5.2 植物個体内変異がつくりだす採餌パッチの変動性

　植物，とくに樹木においては，採餌者が探索する餌資源（葉，花，果実，種子など）が局所的に集合している．そのような場合，採餌者は，植物1個体1個体を1つのパッチと認識して採餌行動を行うものと考えられる．たとえば，ユーカリの葉を餌とするコアラやフクロギツネにとってユーカリの木は採餌パッチとなり，堅果（ドングリ）を摂食する野ネズミにとってはコナラなどの樹木の樹冠下が採餌パッチとなるだろう（図5.1）．この場合，採餌者にとってのパッチの好適性は，パッチに内包される葉や種子などの餌資源の量と質によって決定される．ここで問題になるのが，植物個体内変異（within-plant variation または plant subindividual variation）の存在である．植物は，動物と大きく異なり，シュートを基本とする相同な要素（モジュール）の繰り返しによって形づくられている．したがって，葉，枝，花，種子などの相同な器官が1つの植物個体のなかに多数含まれる．しかし，これらの器官の形質（大きさや含有成分など）は同じ植物個体内であっても均一ではない．個々の器官が生じる位置の微環境（光条件や温度など）の違いや発生上のゆらぎによって，相同器官の形質にはばらつきが生じることが一般的である（Herrera, 2009）．このような植物個体内変異が存在することによって，パッチから得られる報酬は変動性をともなうことになる．

　野ネズミと堅果の例で，もう少し具体的に考えてみよう（図5.1，図5.2）．野ネズミは個々の堅果を餌として選択する前に，どのパッチ（樹冠下）で採

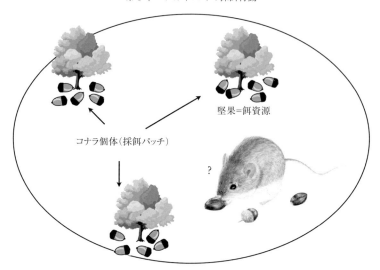

図 5.1 コナラの木がつくりだす採餌パッチのイメージ．1つ1つのコナラ個体が，アカネズミにとって1つの採餌パッチとなる．

餌すべきかという問題に直面する．すなわち，どの木が採餌パッチとして好適かを判断しなくてはならない．図5.2の仮想図では3つのパッチがあり，それぞれ5つの堅果を含むと想定している．さらに，堅果の質には個体内変異が存在し，堅果上の数字はその質を表すこととする．パッチAではつねに3の質の堅果を得られるが，BとCでは2の場合もあれば5の場合もある．つまり，1回の採餌によって得られる報酬には変動性が存在する．これらのパッチの特性は餌資源の質の平均値だけでは十分に表現できないことは，3つのパッチにおける餌の質の頻度分布の違いをみれば明らかである．平均値は3つのパッチすべてで等しいが，頻度分布のばらつき（変動係数）や歪度（分布の左右非対称性を表す統計量）は異なっている．ばらつきや偏りも含めた個体内頻度分布の形そのものが，その植物個体がつくりだすパッチの質を表していると考えることができるだろう．

このような場合，野ネズミはパッチの好適性をどのように評価し，採餌行動を行っているのだろうか．餌の質の個体内頻度分布のばらつきや偏りは，野ネズミのパッチ選択行動に影響を与えないのだろうか．平均値だけではなく，資源分布のばらつきや偏りが，野ネズミの行動に影響することはないの

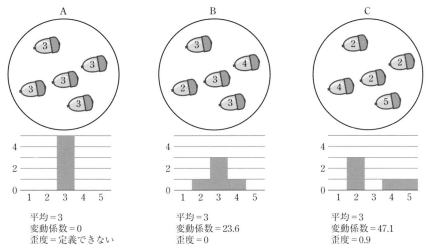

図 5.2 コナラの木がつくりだすさまざまな仮想的採餌パッチ．堅果上の数字は堅果の質を表し，その頻度分布が中段に示してある．3つのパッチの平均値は等しいが，ばらつき（変動係数），歪度は異なっている．

だろうか．

これらの疑問を検証するために，筆者らはアカネズミによるコナラ堅果の持ち去り行動を対象にして，野外実験を行った．Shimada et al. (2015) にもとづいて，その内容を紹介したい．

5.3 アカネズミとコナラ

アカネズミ（*Apodemus speciosus*; 図5.3）は，北海道から九州の平地から亜高山帯の森林に広く生息する日本固有の森林性の野ネズミである（Ohdachi et al., 2009）．種子や果実，昆虫類をおもな食料としており，成体の体重は30–60 g程度である．落果後の堅果のもっとも主要な捕食者であり，散布者である．一方，コナラ（*Quercus serrata*）は日本と朝鮮半島の平野から低山帯に広く分布する落葉性樹木で，その種子は堅果ないしドングリとよばれる．日本の温帯林において，もっとも普遍的に存在する高木種の1つといえるだろう．

アカネズミなどの森林性野ネズミが，落果時期には堅果を集中的に利用す

図 5.3 堅果をもつアカネズミ（撮影：鈴木祥悟）.

ることはよく知られている（Wada, 1993；Shimada, 2001）．彼らはみつけた堅果をすべてその場で摂食するわけではなく，多くの堅果を持ち去って安全な場所で摂食し，あるいは落ち葉の下や土のなかに隠して餌が少なくなる越冬期の餌として利用する．このような行動を貯食行動とよぶ．冬になると野ネズミは隠した堅果を探し出して食料とするが，運よく食べ残された堅果の一部は，運ばれた場所で芽生え，うまくいけばさらに成長してまた堅果を実らせる．自分では移動できない樹木は，野ネズミの力を利用することによって親木から離れた場所に子孫を残すことができるのである．この採餌過程において，アカネズミは樹木個体を採餌パッチとして，そのパッチのなかに存在する個々の堅果をなんらかの基準にしたがって選択し利用する．その繰り返しによってアカネズミはそれぞれの採餌パッチの質に関する情報を蓄積し，その後のパッチ選択に適用する．その結果として，採餌パッチとなる樹木個体の利用頻度に樹木個体ごとの違いが生じるものと考えられる．

　野ネズミによる堅果の選好性にはさまざまな形質がかかわることが報告されているが，なかでも種子サイズ（重量）と被食防御物質であるタンニンが大きな影響をもつことは広く認められている（Shimada, 2001；Gómez,

2004；Xiao et al., 2004).そこで,本研究では,この２つの形質に焦点をあてて研究を進めることにした.種子サイズが大きいということは,１回の採餌で得られる餌量が大きいということを意味する.したがって,一般的には,動物は大きな種子を好んで持ち去る傾向がある (Shimada, 2001；Gómez, 2004).しかし,自分に比べて相対的に種子が大きくなりすぎると,運搬に大きなコストがかかり,また種皮を取り除くためのハンドリングの手間も増大する.そのため,極端に大きな種子は,かえって利用されなくなるという現象も知られている (Gómez, 2004；Muñoz and Bonal, 2008).

タンニンは,もっとも広範に存在する被食防御物質であり,タンパク質と高い結合力をもつことで特徴づけられる,植物が生産する高分子化合物である.このような特徴のため,タンニンを多量に摂取すると消化率の低下,窒素バランスの悪化,消化管内壁への損傷などのダメージを消費者におよぼす (Mehansho et al., 1987；Shimada, 2006).コナラ属の種子は,いずれも被食防御物質としてタンニンを含んでいるが,その含有率は種によって大きく異なっている (Shimada and Saitoh, 2006).ミズナラなどのタンニンを多く含む堅果は,アカネズミにとっても潜在的に有害であることがわかっており (Shimada and Saitoh, 2003；Shimada et al., 2006),タンニンの少ない堅果ほどアカネズミにとっては利用しやすい餌であると考えられる.

なお,今回の研究においては,個々の種子のサイズとタンニン含有率との間には,種子サイズが大きいほどタンニンが少ないというような明瞭な関係は認められなかった.

5.4 堅果を壊さずにタンニン含有率を調べる

ところで,堅果のタンニン含有率を測定するためには,通常はそのサンプルを破壊して粉末にする必要がある.しかし,一度破壊してしまえば,その後その堅果を野外実験に用いることはできない.この研究では堅果のタンニン含有率がアカネズミの採餌行動に与える影響を調べることが目的のため,タンニン含有率を非破壊的に推定した堅果を準備する必要があった.そのために,筆者らは近赤外分光法を用いたタンニンの非破壊測定法の開発を行った.くわしい方法は Takahashi et al. (2011) に譲るが,簡単にその方法を

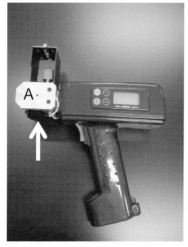
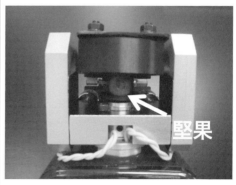

図 5.4 堅果測定用近赤外分光器．右図は測定の様子を示し（左図の A の部分を矢印方向からみる），矢印の先にコナラ堅果が挟まれている．

紹介したい．

近赤外分光法（near-infrared spectroscopy；NIRS）は，物質によって吸収する光の波長や量が異なることを利用して，近赤外光の吸光度から目的の物質の含有率を測定する方法である（Foley *et al.*, 1998）．光を照射するだけで成分を測定できることから，食品・農業分野で広く実用化されているが，生態学的な応用例はまだ少ない．初めに，筆者らは図5.4のような装置を用いて，手つかずの状態のコナラ堅果1つ1つに強い光をあて，透過した光のスペクトルを測定した．その後，種皮を取り除き，子葉部（野ネズミが摂食する部分）を乾燥粉砕して，個々の堅果のタンニン含有率を通常の化学分析法によって測定した．得られた堅果の化学測定値と透過スペクトルとの関係を統計的に解析し，タンニン含有率を推定するモデルを作成した．その結果，決定係数0.84と高い精度をもつ推定モデルを開発することができた．ひとたびこのような推定モデルの開発に成功すると，その後は堅果の透過スペクトルを測るだけで非破壊的に堅果のタンニン含有率を推定することが可能となる．

なお，タンニンには多くの化学分析法があり，それぞれ厳密には違うものを測定しているのだが，本文ではタンパク質沈殿能によってタンニンの活性

を評価する radial diffusion 法 (Hagerman, 1987) という方法にもとづいて測定を行い，標準物質であるタンニン酸に換算するとどのくらい含有されるかというタンニン酸当量 (% tannic acid equivalent; % TAE) という形で表記を行っている．

5.5 コナラ種子形質の個体内変異

コナラ堅果の形質に関しては，実際どの程度の変異が存在するのだろうか．岩手大学滝沢演習林（岩手県滝沢市）のコナラ二次林で 2007 年に行った調査にもとづいて説明したい．

図 5.5 に示したのは，調査地内の 26 本のコナラ個体から得られた合計 8594 個の健全な堅果（未熟なものや虫やカビの害を受けたものを除いたもの）のサイズ（生重）とタンニン含有率のヒストグラムである．種子サイズについては 0.1-4.3 g, タンニン含有率については 0.1-34.5%TAE と非常に大きな種内変異が存在することがわかる．ついで，個体内変異をみてみよう（図 5.6）．個体内変異も非常に著しく，種内変異にほぼ匹敵する変異を 1 個体内でもつ個体も認められた．一方で，平均値やばらつきには，植物個体間で有意な違いがあることも明らかになった（表 5.1）．図 5.7 には，植物個体ごとのヒストグラムを典型的な 3 個体について示している．また，興味深いことに，種子サイズの歪度はほぼゼロであり個体内頻度分布はほぼ左右対称であったが，タンニン含有率についてはすべての個体で正に偏る分布となっていた．

分散の分割 (variance partitioning) という手法によって分析したところ (Winn, 1991), 観察された全分散のうち，種子サイズに関しては，82.6% が

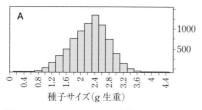
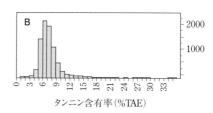

図 5.5 コナラ堅果の形質の頻度分布．A：種子サイズ（生重），B：タンニン含有率 (%TAE). 全コナラ個体から得られた 8594 個の堅果の集計．

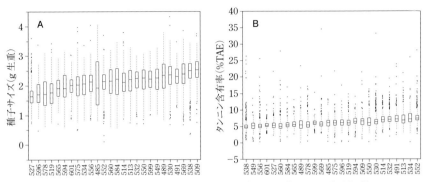

図 5.6 個体別に示したコナラ堅果の形質の頻度分布．A：種子サイズ（生重），B：タンニン含有率（%TAE）．横軸はコナラの個体番号を示し，平均値にしたがって並べてある．箱ひげ図の中央の線は中央値を，箱の両端は第1および第3四分位点を，点線の上下端ははずれ値を除いた最大値および最小値を，点線外の点ははずれ値を示している（Shimada et al., 2015 より改変）．

表 5.1 コナラ堅果の形質の個体内変異の特徴（平均，変動係数，歪度）．コナラ個体ごとに集計した値の平均値，標準偏差，範囲を示している（$n=26$）．

	平均	標準偏差	範囲	統計量
種子サイズ（生重 g）				
平均	2.10	0.22	1.67-2.51	$F=71.2$***[1]
変動係数（%）	23.20	4.80	15.00-38.50	$F=23.8$***[2]
歪度	-0.17	0.40	-0.93-1.02	
タンニン含有率（% TAE）				
平均	6.34	0.80	5.25-7.70	$F=66.5$***[1]
変動係数（%）	31.40	7.07	18.70-47.80	$F=9.37$***[2]
歪度	2.61	1.54	0.24-6.75	

***：$P<0.0001$；[1] 一元配置分散分析，[2] Levene 検定．

個体内変異，17.4% が個体間変異にもとづくことが明らかになった．同様に，タンニン含有率については，86.4% が個体内変異，13.6% が個体間変異にもとづいていた．つまり，いずれの形質においても個体内変異は個体間変異よりも大幅に大きいということが判明した．

　これまで，種子サイズに関しては多くの植物で個体内変異が明らかにされてきた（Winn, 1991；Simons and Johnston, 2000；Castellanos et al., 2008）．コナラ属樹木に関しては，変動係数が 17% から 37% という数字が報告されており（Gómez, 2004；Herrera, 2009），今回の結果（平均 23.2%）はこれ

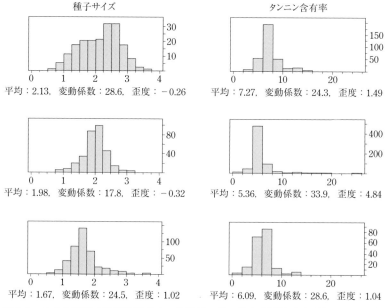

図 5.7 コナラ堅果の形質頻度分布の個体差.横に並んだ種子サイズとタンニン含有率のヒストグラムは同一個体に由来する.

ら過去の報告の範囲内にある.一方,野生植物の種子の化学的形質に関して個体内変異が調べられたのは,これが初めてであった.どちらの形質についても,このような著しい形質の多様性は動物との相互作用を多様にすることが予測される.平均だけをみていては,形質の多様性だけでなく相互作用の多様性をも見落としてしまうことになるだろう.

5.6　どんな木が採餌パッチとして好適か
　　　――コナラ堅果の持ち去り実験

　コナラの種子形質には著しい植物個体内変異があり,しかも個体内変異のあり方には個体間で違いが存在することが明らかになった.では,このような条件下で,アカネズミはどのように採餌パッチとなるコナラ個体を選択しているのだろうか.

　この疑問に答えるために,上記の調査地において,以下のような流れで野

外実験を行った．まず，2007年8月に26本のコナラの樹冠下にシードトラップ（落果してきた種子を回収するための装置）を設置して堅果を採集し，虫食いなどのない健全な堅果のみを選別した．ついで，それらの堅果の種子サイズ（生重）を実測し，タンニン含有率を近赤外分光法によって非破壊的に推定した．その後，目印となるピンクテープを接着して個々にナンバリングを行った堅果をもとのコナラ個体の樹冠下へ戻した．翌春に対象木の樹冠下および調査地全域を調査して，堅果の利用状況を確認し，樹木個体ごとの堅果持ち去り頻度を算出した．ナンバリングした堅果のうち，もとのシードトラップの外で堅果か目印が発見されたものをアカネズミによって持ち去られた堅果であると判定した．これにくわえて，調査地全域で堅果そのものも目印も発見できなかった堅果も，以下の理由により持ち去られたものと判断した．シードトラップの下は，3回にわたって一時的にリター層を取り除き，徹底的に堅果と目印を探索している．アカネズミにその場で摂食されたり，その他の要因（昆虫による食害，菌害，乾燥による死亡など）によって死亡したりした場合は，シードトラップ下で目印もしくは堅果が発見されるはずである．したがって，行方不明になった堅果がシードトラップ下にそのまま存在する可能性はきわめて低いと考えられる．

　調査期間中には，堅果を持ち去るほかの動物（ヒメネズミやカケスなど）の活動はほとんど認められなかった．また，一般的に，野ネズミは下層植生が発達した環境を選好する傾向があるが，本調査地は広くチシマザサに被覆されており，下層植生の発達程度に採餌パッチ間での明瞭な違いは認められなかった．なお，ナンバリングを行い樹冠下に戻した堅果の数はコナラ個体ごとに異なっているため，樹冠下の堅果数は樹木個体によって異なっているが，この違いが結果に与える影響は後述する統計的解析によって取り除かれている．

　26本のコナラ個体からサンプルした8594個の堅果のうち，4586個（53.3%）の堅果がアカネズミによって持ち去られた．持ち去られた堅果の割合は最小12.5%，最大90.2%とコナラ個体間で大きな違いが認められた（平均±標準偏差，50.8%±19.1）．堅果を利用するための採餌パッチ（コナラ個体）をアカネズミがランダムに選択しているとしたら，このような顕著な持ち去り率の違いは生じないだろう．アカネズミはなんらかの基準で採餌

パッチの質を評価し，パッチの選択を行っているものと思われた．
　つぎに，以下のような手順で，採餌パッチの質がアカネズミのパッチ選択におよぼす影響を解析した．5.2節において検討したように，コナラ個体がつくりだすパッチの質は，堅果の形質の個体内頻度分布の平均値やばらつき，偏りによって特徴づけられる．そこで，形質の個体内頻度分布を要約する統計量として，平均値，ばらつき（変動係数），および歪度を用い，これらの要素と堅果持ち去り頻度との関係を一般化加法モデルという手法によって解析した．
　その結果，アカネズミの堅果持ち去り頻度は，4つの変数（種子サイズの平均値とばらつき，タンニン含有率のばらつきと歪度）によってもっともよく予測されることが判明した．図5.8は堅果持ち去り頻度とこれらの変数との関係を示したものである．まず，種子サイズに関しては，平均値が大きく，ばらつきの大きい木ほど堅果持ち去り頻度が高いことが判明した（図5.8A, B）．いいかえると，アカネズミはこのような木を採餌パッチとして利用する傾向があった．タンニン含有率に関しては，平均の影響は認められず，ばらつきの小さい木ほど堅果持ち去り頻度が高い傾向が認められた（図5.8C）．すなわち，タンニン含有率のばらつきの大きい木での採餌を避ける傾向があったといえる．また，歪度に関しては，通常の範囲では明瞭な影響は認められなかったが，極端に歪度が大きい分布（正に偏った分布）のコナラ個体では，堅果持ち去り頻度が低下していた（図5.8D）．
　アカネズミが平均種子サイズの大きなコナラ個体を採餌対象としているという結果は，理解しやすい．大きい堅果ほど採餌1回あたりの報酬は多くなるため，大きな堅果が相対的に多く含まれる平均種子サイズの大きな木が選好されるのだろう．興味深いことに，ばらつきに対するアカネズミの反応は，形質によって反対の結果となった．種子サイズについてはアカネズミはばらつき受容的であったが，タンニン含有率についてはばらつき回避的であった．この違いはなにに起因するのだろうか．採餌行動がばらつき受容的になるかばらつき回避的になるかには，形質の特性，採餌者の空腹度，捕食リスクなどさまざまな要因がかかわっている（Kacelnik and Bateson, 1996; Shafir, 2000）．1つの仮説であるが，アカネズミとコナラ堅果との関係に関しては，形質の「判別しやすさ」と「間違った場合のリスク」が重要な要因なのでは

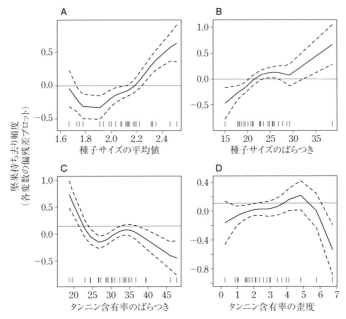

図 5.8 コナラ堅果の持ち去り頻度と種子形質の個体内変異を表す変数との関係. 一般化加法モデルの結果を図示. x 軸は説明変数を示し, 軸上の短い縦棒は観測値の分布を示す. y 軸は目的変数に対する各変数の寄与を示し, 数値が大きいほど目的変数に対する正の効果が強いことを表す. 破線は 95% 信頼区間を示す (Shimada et al., 2015 より改変).

ないかと考えている.

　仮想的な 2 タイプのコナラ個体を考えてみる. 両者は, 種子サイズの個体内頻度分布の平均値は等しいが, ばらつきは異なると想定する. ばらつきの大きいコナラ個体のもとでは, アカネズミは大きい堅果にも小さい堅果にも出会う確率がある. 種子サイズが判別しやすい形質ならば, アカネズミは比較的容易に種子サイズの違いを判別し, 大きい堅果を選択的に利用することができるだろう. したがって, この場合は, ばらつき受容的に採餌を行ったほうがアカネズミにとっては得になる.

　同様に, タンニン含有率についても考えてみる. タンニン含有率のばらつきの大きいコナラ個体を採餌パッチとして選択すれば, タンニンの少ない堅果に出会うチャンスは増えるが, 同時にタンニンを多く含む堅果に出会う確

率も増加してしまう．種子サイズと異なりタンニン含有率は容易には識別できないとすると，アカネズミはタンニンの少ない堅果だけを選択的に利用することはできない．くわえて，誤ってタンニンの多い堅果を摂食してしまった場合，タンニンによる生理的なコストも負わなければならない（種子サイズの場合は，間違っても得られる餌量が減るだけである）．したがって，タンニン含有率に関しては，アカネズミはばらつき回避的に振る舞うほうが採餌効率を高めることにつながるのだろう．タンニン含有率に関して，極端に歪度が大きいコナラ個体が忌避されたことも同様に理解できるだろう．このような木の場合，極端にタンニンの多い堅果が混在するため，リスクが増大すると考えられる．

　実際に，種子食の動物が種子サイズの違いを判別できることは多くの研究で確かめられている（Gómez, 2004; Zhang et al., 2008; Vander Wall, 2010）．一方，タンニンについては限られた研究例しか存在しないが，種皮に包まれたままの堅果のタンニン含有率の違いを，外見やにおいだけでは判別できないということがハイイロリスでは確かめられている（Steele et al., 2001）．おそらくアカネズミにとっても，試し食いなどをせずに堅果のタンニン含有率を識別することはかなり困難なのではないかと思われる．実験室内での観察であるが，アカネズミに堅果を供餌すると，多くのアカネズミはいくつかの堅果を少しずつかじることを繰り返した後に，本命とする堅果を決めて採餌を行う（Takahashi and Shimada, 2008）．野外でも，このようにしてパッチ内の堅果を味見しながらパッチの質に関する情報を収集し，実際に利用するパッチを選択しているのではないかと思われる．

5.7　動物植物相互作用における植物個体内変異の重要性

　ここまでみてきたように，アカネズミは，コナラの種子形質の個体内変異に反応して採餌パッチを選択していることが明らかになった．種子形質の平均値だけではなく，ばらつき，そして歪度もアカネズミの採餌行動に影響する要因となっていた．このことは，種子形質の個体内頻度分布の形そのものに採餌者が反応していることを意味している．このような現象は，アカネズミと堅果に限った話ではなく，動物と植物の相互作用においては非常に普遍

的であると思われる．たとえば，葉や花芽，果実などを摂食するサルやムササビ，テン，ツキノワグマなども，同じように植物個体内変異に採餌行動が影響されている可能性がある．したがって，葉，花，種子などの繰り返しのある器官に働く動物の作用（捕食，送粉，種子散布など）を研究の対象とする場合，形質の平均値だけではなくて，個体内頻度分布のばらつきと偏りを考慮することが重要である．

　また，アカネズミの植物個体内変異に対する反応は，形質の性質によって異なることも判明した．「判別しやすさ」と「間違った場合のリスク」の形質間の違いが，アカネズミの反応の違いをもたらしているという仮説を提示したが，さらなる検証が必要だろう．植物個体内変異によって動物の採餌行動がどのような影響を受けるかは，種特性（採餌効率や探索効率など），形質の特徴，採餌者に対する捕食圧の違い，パッチ内およびハビタット内の餌密度などの条件によってさまざまに変化することが予測される．今後，さまざまな動植物種を対象とした研究が行われることによって，動物との相互作用における植物個体内変異の重要性がさらに確かめられることを期待したい．

引用文献

Caraco, T., S. Martindale and T. S. Whittam. 1980. An empirical demonstration of risk sensitive foraging preferences. Animal Behaviour, 28：820-830.

Castellanos, M. C., M. Medrano and C. M. Herrera. 2008. Subindividual variation and genetic versus environmental effects on seed traits in a European *Aquilegia*. Botany-Botanique, 86：1125-1132.

Foley, W., A. McIlwee, I. Lawler, L. Aragones, A. Woolnough and N. Berding. 1998. Ecological applications of near infrared reflectance spectroscopy: a tool for rapid, cost-effective prediction of the composition of plant and animal tissues and aspects of animal performance. Oecologia, 116：293-305.

Gómez, J. 2004. Bigger is not always better: conflicting selective pressures on seed size in *Quercus ilex*. Evolution, 58：71-80.

Hagerman, A. 1987. Radial diffusion method for determining tannin in plant extracts. Journal of Chemical Ecology, 13：437-449.

Herrera, C. M. 2009. Multiplicity in Unity: Plant Subindividual Variation and Interactions with Animals. The University of Chicago Press, Chicago.

Kacelnik, A. and M. Bateson. 1996. Risky theories: the effects of variance on foraging decisions. American Zoologist, 36：402-434.

Mehansho, H., L. G. Butler and D. M. Carlson. 1987. Dietary tannins and salivary proline-rich proteins: interactions, induction, and defense-mechanisms. Annual Review of Nutrition, 7 : 423-440.

Muñoz, A. and R. Bonal. 2008. Are you strong enough to carry that seed? Seed size/body size ratios influence seed choices by rodents. Animal Behaviour, 76 : 709-715.

Ohdachi, S. D., Y. Ishibashi, M. Iwasa and T. Saitoh. 2009. The Wild Mammals of Japan. Shoukadoh, Kyoto.

Real, L. and T. Caraco. 1986. Risk and foraging in stochastic environments. Annual Review of Ecology and Systematics, 17 : 371-390.

Shafir, S. 2000. Risk-sensitive foraging: the effect of relative variability. Oikos, 88 : 663-669.

Shimada, T. 2001. Hoarding behaviors of two wood mouse species: different preference for acorns of two Fagaceae species. Ecological Research, 16 : 127-133.

Shimada, T. 2006. Salivary proteins as a defense against dietary tannins. Journal of Chemical Ecology, 32 : 1149-1163.

Shimada, T. and T. Saitoh. 2003. Negative effects of acorns on the wood mouse *Apodemus speciosus*. Population Ecology, 45 : 7-17.

Shimada, T. and T. Saitoh. 2006. Re-evaluation of the relationship between rodent populations and acorn masting: a review from the aspect of nutrients and defensive chemicals in acorns. Population Ecology, 48 : 341-352.

Shimada, T., T. Saitoh, E. Sasaki, Y. Nishitani and R. Osawa. 2006. Role of tannin-binding salivary proteins and tannase-producing bacteria in the acclimation of the Japanese wood mouse to acorn tannins. Journal of Chemical Ecology, 32 : 1165-1180.

Shimada, T., A. Takahashi, M. Shibata and T. Yagihashi. 2015. Effects of within-plant variability in seed weight and tannin content on foraging behaviour of seed consumers. Functional Ecology, 29 : 1513-1521.

Simons, A. and M. Johnston. 2000. Variation in seed traits of *Lobelia inflata* (Campanulaceae): sources and fitness consequences. American Journal of Botany, 87 : 124-132.

Steele, M., P. Smallwood, A. Spunar and E. Nelsen. 2001. The proximate basis of the oak dispersal syndrome: detection of seed dormancy by rodents. American Zoologist, 41 : 852-864.

Stephens, D. W. and J. R. Krebs. 1986. Foraging Theory. Princeton University Press, Princeton.

Takahashi, A. and T. Shimada. 2008. Selective consumption of acorns by the Japanese wood mouse according to tannin content: a behavioral countermeasure against plant secondary metabolites. Ecological Research, 23 : 1033-1038.

Takahashi, A., T. Shimada and S. Kawano. 2011. Nondestructive determination of tannin content in intact individual acorns by near-infrared spectroscopy. Ecological Research, 26 : 679-685.

Vander Wall, S. B. 2010. How plants manipulate the scatter-hoarding behaviour of seed-dispersing animals. Philosophical Transactions of the Royal Society of London Series B: Biological Sciences, 365：989-997.

Wada, N. 1993. Dwarf bamboos affect the regeneration of zoochorous trees by providing habitats to acorn-feeding rodents. Oecologia, 94：403-407.

Winn, A. 1991. Proximate and ultimate sources of within-individual variation in seed mass in *Prunella vulgaris* (Lamiaceae). American Journal of Botany, 78：838-844.

Xiao, Z., Z. Zhang and Y. Wang. 2004. Dispersal and germination of big and small nuts of *Quercus serrata* in a subtropical broad-leaved evergreen forest. Forest Ecology and Management, 195：141-150.

Zhang, H., J. Cheng, Z. Xiao and Z. Zhang. 2008. Effects of seed abundance on seed scatter-hoarding of Edward's rat (*Leopoldamys edwardsi* Muridae) at the individual level. Oecologia, 158：57-63.

6

アカネズミの社会行動

雌の分散行動の可塑性

坂本信介

　子が繁殖場所を得るために行う分散は，その集団がもつ社会の仕組みと密接にかかわる．一方で，分散はそのときの環境条件に左右される生態的なプロセスでもあり，環境条件の変動に応じて，分散様式も可塑的に変わることが予測される．この分散の可塑性は，環境変動への動物の応答にほかならず，動物のダイナミックな動きの変化の意味を問うという点でおもしろみにあふれている．しかし，哺乳類では，雄が遠くまで分散し，雌は生まれた場所の近くにとどまる傾向にあるため，雌の分散の可塑性はあまり注目されてこなかった．典型的な単独性動物であるアカネズミ（*Apodemus speciosus*）で，雌の分散を調べたところ，フィロパトリックな雌がじつは可塑的な分散をしていることがわかってきた．なぜときに雌は動くのだろうか．本章では，これまでの分散研究の流れを概観し，分散の定義を見直すことで，この問題に迫りたい．

6.1　動物の移動と定着

（1）　動物の移動と定着

　動物の移動と定着のプロセスは，集団の分布拡大や外来種の侵入時に起こる，新しい環境へのコロナイゼーションの最初のステップである（Cote and Clobert, 2007）．なかでも，子が繁殖場所を獲得するプロセスは，集団内のさまざまな遺伝子型が集団内外に散らばるプロセスと等しい（ここでは，単独性か群れ性かにかかわらず，同所的に生息する同種個体の集まり［個体

群］を集団とよぶ）．したがって，このプロセスは集団の個体数変動と相互に関連し，また，結果的に集団の遺伝構造を決める（Stenseth and Lidicker, 1992）．一方で，動物の移動と定着のプロセスは，種子散布や花粉の媒介などほかの生物の移動をともなう．さらに，これは同種・他種を含め動物個体間の接触を引き起こすことで，感染症の伝播・拡大の原因ともなる．そのため，野生動物とヒトや家畜，ペットなどとの相互作用が注視されている．このような観点から，近年，生態学や進化生物学，種々の疫学など幅広い領域で，動物の移動と定着の問題が扱われるようになった（Clobert et al., 2008; Quirici et al., 2011）．これにともない，移動と定着の評価方法や観察対象の偏りが指摘されるようになり，研究の焦点に応じて，移動の観察対象や定義を柔軟に変える必要があることがわかってきた．

（2） 渡りと分散

　実際に野外で動物の移動と定着を調べるには，まず動物個体や集団の位置を決めなくてはならない．生態学では，個体が日常的に動く範囲である行動圏を把握することで，ある動物がその場に定着しているかどうかを判別し，行動圏の位置を明確に変えた場合には移動とみなす．動物の移動と定着のプロセスは2つに大別される．1つめは餌や繁殖場所の確保，あるいは，厳しい気候条件の回避など，生息環境を大きく変えることを目的としたものであり，とくに周期的に生息地を変える場合は，渡り（migration）とよばれる．餌条件や繁殖場所，気候条件の変動には季節性があるため，多くの場合，渡りは特定の季節に観察され，しばしば長距離におよぶ．このような移動は，特定の地域や地点にたどり着くこと（特定の地域から離れること）自体が目的となる．これに対し，個体が生息環境（あるいは生息集団）を離れて別の場所に移住することは，分散（または移動分散 dispersal）とよばれる．とくに，子が成熟前に生まれ育った場所を離れ，新しい場所に移動し，定住するにいたる一連のプロセスは出生後分散（natal dispersal）と定義される（Greenwood, 1980）．これに対し，子が出生地にとどまり，成熟にいたる場合はフィロパトリィ（natal philopatry）とよぶ．生まれ育った環境で成熟後によい繁殖なわばりが獲得できず，新たな環境に移動する場合は，繁殖分散（breeding dispersal）として区別される場合もある．

哺乳類や鳥類のように，親による子の世話が進化した動物のなかには，捕食回避の目的で子を連れて営巣場所を変える動物や，そもそも移動しながら子を育てる動物もいる．そのため，出生後分散を考える際の生まれ育った環境としては，慣れ親しんだ地理的な空間というよりも，親や群れのメンバーとの関係性によって構築される社会的環境の意味合いが重視されており，子が親の行動圏や出生群を離れ，新しい行動圏を獲得する，あるいは，新しい群れに加入する過程が追跡される．これらの情報は，動物から生体材料をサンプリングする場合や動物の利用環境を調べる場合にも有用である．以下，本章では出生後分散を扱い，これを分散とよぶ．

6.2　分散研究の課題

（1）　哺乳類の分散の進化に関する基本パラダイム

　多くの哺乳類もそうであるが，動物のなかには，一度の排卵時に雌が多数の雄と交配する（多回交尾）ものがいる．雌をめぐる競争は厳しく，雄が何個体の雌と交尾できるかは自身の競争力（攻撃力の強さや資源獲得能力の高さ）に依存する．一方で，雌が多回交尾をする動物では，雄にとって交配相手の雌の子がほんとうに自分の子かどうか（父性）が不明瞭である．このように，集団内での繁殖成功度（基本的には何個体の子を残せたか）が雌に比べて雄で大きくばらつき，かつ，父性が曖昧な動物では，雄が子育てに参加するメリットが小さく，子の世話は雌に著しく偏るような進化が起こりうる（Kokko and Jennions, 2008）．また，哺乳類では授乳をできるのが雌だけであり，子への投資に性差が生じる（Trivers, 1972）．そのため，雄よりも雌のほうが繁殖場所への環境選好性が強くなり，生まれた場所にとどまりやすくなる．これに対して，近親交配の回避や交配可能な雌を探し続けるために，雄は分散的になる（Dobson, 1982）．このように，哺乳類の分散の性差は，子の世話と配偶システムの進化理論によって説明されている（Trivers, 1972; Emlen and Oring, 1977）．

（2） 哺乳類の分散研究の変遷と問題

　従来，分散の研究では，遠くまで移動した子は分散的で，近くに移動した子はフィロパトリックであると考えてきた．しかし，分散距離は，餌や生息場所などの生態的要因に依存して大きく変わる（Clutton-Brock and Lukas, 2012）．一方で，子が生まれた場所である母親の行動圏や出生群に居続けられる状況と，母親の行動圏や出生群から明確に離れている状況では，社会関係が大きく異なるはずである．前者のような社会関係が構築されるには，血縁者がたがいに寛容である（排他的でない）ことが前提とされるし，後者では逆に，血縁者間で対立（競争）が生じているはずである．したがって，雄か雌か，あるいは単独性か群れ性かにかかわらず，分散を扱う場合には，絶対的な移動距離よりも，むしろ，生まれた子が母親の行動圏や出生群から離れたかどうかという質的な変化を判別することこそが重要となる．しかし，哺乳類では雄が分散しやすく雌が分散しにくいとのパラダイムがとてもよくあてはまり，早くに定着した．そのため，雄よりも遠くまで分散していない雌は，生まれた行動圏から明瞭に移動していても，一様にフィロパトリックであると扱われるようになった（Clutton-Brock and Lukas, 2012）．このような経緯のため，雌の分散は注目されにくい状況にあった．

（3） 雌の分散の可塑性

　近年，動物の社会行動の研究では，個性や社会行動の可塑性に焦点があてられるようになり，"フィロパトリックな雌の分散"も例外ではなく，状況に応じて起こりうる事例として認識されるようになってきた．雌の分散しやすさやこれに影響を与える要因については，研究間で結果がさまざまであるが（Le Galliard et al., 2007），それでも現在のところ，哺乳類の雌の分散しやすさに影響を与える社会的要因は，競争と協力，そして近親婚の回避の3つのプロセスに集約されている．餌などの資源をめぐる局所的資源競争（local resource competition; LRC）は雌の分散を促進し（Quirici et al., 2011; Schoepf and Schradin, 2012），協力行動と近親婚の回避は雌のフィロパトリィを促進すると考えられている（Le Galliard et al., 2006; Schoepf and Schradin, 2012）．これら3つのうち，どのプロセスが強く働くかが集団間や

種間で異なるために，結果的に，雌の分散にも集団間や種間で差異が生じるという流れはイメージしやすい．一方，社会行動に集団の背景に応じた可塑性があることを認め，同一集団でも，局所的資源競争と協力のどちらのプロセスが強く働くかが変動しうるとの立場に立てば，雌の子にとって，同性の血縁者は避けるべき相手にも，協力すべき相手にもなりえる．そして，このような状況は，群れ性の動物よりも単独性の動物で起こりやすいだろう．単独性動物では，餌が急増した場合を除いて，生まれた場所で繁殖できる雌は基本的に 1 個体のみのはずである．したがって，母親がその場で繁殖を続けるのであれば，娘は分散しなくてはならない．また逆に，繁殖をめぐる競争が分散を誘導するとしたら，繁殖を終えた母親には娘を追い出す理由はないし，娘も繁殖の機会を得るまでは母親のもとにとどまったほうがよさそうである．このように，状況に応じて，近くにいる血縁者への態度が変わるのであれば，同一集団でも個体ごとに分散しやすさが異なることが予測される．

（4） アカネズミを用いる利点

単独性で小型の脊椎動物は概して世代交替が速く，子が自分の行動圏を獲得し，繁殖の機会を得ることが比較的容易である（Kokko *et al.*, 2006）．野ネズミ類は同一種でも地域集団間で繁殖期の長さや繁殖季節そのものが異なり（Bronson, 1985），繁殖の機会は集団内，集団間で大きく変動することが予測される．そのため，雌の分散も状況依存的になると思われる．一方で，これらは夜行性で地下も利用し，さらに小型のため，野外での行動観察もラジオテレメトリーによる追跡もきわめてむずかしい．また，繁殖期が長い集団では，母親が何回も繁殖を繰り返すことで，繁殖コホートに複数世代にわたる個体が混ざってしまう．したがって，遺伝的に母娘関係を特定しても，いつ生まれた個体が，いつ分散して，いつ繁殖するのかという経過を追跡し続けるのはむずかしい．

アカネズミは雌の分散の可塑性を考えるうえでよい形質をもつ．まず，繁殖期に雌はたがいに排他的な行動圏をもち（図 6.1A），雄はたがいの行動圏を重複させながら，それぞれが複数の雌の行動圏と交わるように大きな行動圏をもつ．これに対し，非繁殖期では，繁殖を終えた成体雌の行動圏は小さくなるが，雌間の行動圏の重複は増え，より集合的にみえる（図 6.1B）．ま

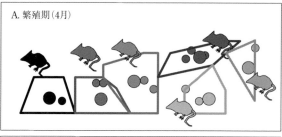
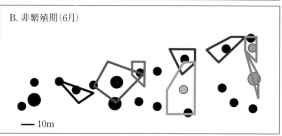

図 6.1　繁殖期と非繁殖期における雌の分布様式の典型例．2001 年の 4 月と 6 月にプロット P1（図 6.5）で 10 回以上捕獲された雌の行動圏（直線で囲われた部分）と行動中心（大丸：成体雌，小丸：亜成体）を示す．繁殖期（A）には，繁殖雌は排他的な行動圏をもち，それぞれが巣立ち後の娘と固まっていた．非繁殖期（B）は，春に繁殖していた雌とその娘についてのみ行動圏を示し，繁殖雌の家族ではない，プロット外からの移入雌については行動中心のみを示した．非繁殖期は，非血縁個体も混ざりながら個体が集合し，密度が高かった．隣接する同色の図形は同じ家族の雌を示しており，それぞれの家族が繁殖期と近い場所にとどまっていたことがわかる．

た，巣箱を設置した飼育ケージにアカネズミを数頭同時に入れると，最初はけんかするなど落ち着かない様子であるが，多くの場合，いつのまにか巣箱に集まって休息するようになる（図 6.2; Eto *et al.*, 2014）．一方で，落ち着いた後でも集合しない場合もある．これまで家族や複数個体で群れをつくるという観察例はなく，本種は単独性の哺乳類であるとされているが，他者との関係性は状況によって，かなり寛容なものに変わる可能性がありそうである．また，本州低地の集団は春と秋の年 2 峰型の繁殖期をもつ（図 6.3）．1 回の繁殖期が短いため，高頻度の捕獲をすれば，野外でも個々の繁殖雌の繁

図 6.2 アカネズミの巣箱内でのハドリング (Eto et al., 2014).

殖回数や子の出生時期を特定でき,繁殖の機会と分散パターンを関連づけやすい.そして,同一集団の春と秋のコホート間で,子の成長速度が異なることが報告されており (Shintaku et al., 2010),子が生まれてから分散するまでの時間が春と秋で異なる可能性が示唆される.さらに,年2峰型の繁殖集団は夏に個体数のピークをもつ年1峰型の繁殖集団に比べて,密度の影響を考慮しやすい.ちょっとややこしい話であるが,一般的な年1峰型の繁殖集団では,個体数が春に増加し始め,秋に減少し始める.したがって,個体の社会行動に与える密度の影響と,暑熱や寒冷などの季節要因の影響とを分離することがむずかしい.一方,年2峰型の繁殖集団では,個体数は春と秋に増加し,夏と冬に減少する.したがって,春と秋のコホートを比較することで,環境温度や季節そのものに対する応答を密度への応答と大まかには分離できそうである.さらに,アカネズミは,体重の軽い個体でも捕まるように微調整したトラップを用いて,巣立ち前後の幼体を捕まえることが不可能ではない(ただし,ものすごく調査努力が必要である).これは野外で分散を研究するうえで,かなり重要な形質である.そこで,アカネズミの雌の分散が繁殖季節と母親の存否に応じて,どう変わるのかを明らかにすることを目

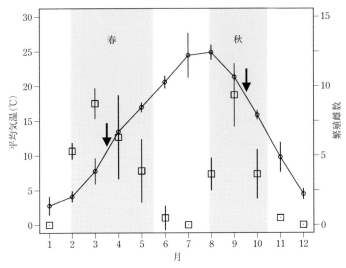

図 6.3 調査地の平均気温（折れ線）と繁殖雌数の関係．膣開口，妊娠，乳頭の発達（授乳中の状態も含む）のいずれかが観察された場合に繁殖雌とし，2001 年から 2003 年に，プロット P1（図 6.5）で捕獲された繁殖雌の数を用いて，月ごとの繁殖雌数を算出した．薄い灰色の影は，最初に膣開口雌を確認してから最後の巣立ちを確認した日までの期間で定義した繁殖期を示す．矢印は春と秋の繁殖期で最初に雌の巣立ちが観察された時期の環境温度を示す．繁殖期の平均気温や子の巣立ち時期の気温は春よりも秋のほうが高い．

的に研究を行った．

6.3 アカネズミの分散研究

(1) 調査地と調査集団の特徴

　山地では，アカネズミはほかの齧歯類と同所的に生息することが多い．また，ネズミにとって構成林分や下層植生の配置などの組み合せは複雑で，餌の豊凶など，なんらかの不都合が生じると，短時間のうちに，よりよい環境へ移動してしまうだろう（図 6.4；Sakamoto *et al.*, 2012）．分散を追跡するためには，定着先でネズミを捕まえて移動の証拠をつかまなくてはならないが，そのためには，ネズミにとっての環境は，そもそも空間的に不均一であ

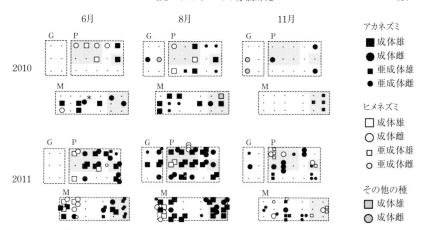

図 6.4 標高 1300 m に位置する筑波大学菅平高原実験センター（36°31'N, 138°21'E）演習林内に生息する野ネズミ類の空間分布．G は草地，P はアカマツ林，M は混交林，灰色の影は林内の下層がササに覆われている区域．アカネズミとヒメネズミが同所的に捕獲される場所と片方だけが捕獲される場所があり，また，このパターンは季節や年あるいは個体数密度によって変わるようにみえる（Sakamoto et al., 2012 より改変）．

るという前提に立ち，よい環境と悪い環境を意識しておくほうがよいデータがとれそうである．

　アカネズミの雌は下層植生が密な場所を選好する（Shioya et al., 1992）．そこで，アカネズミの分散・定着パターンが他種によって攪乱されるのを避けるため，また，雌の分散を追跡しやすいように，アカネズミのみが生息していて，下層植生が密な場所をパッチ状に含む，幅の狭い孤立林を探した．茨城県つくば市にある筑波大学農林技術センター辺縁部の防風林内（36°7'N, 140°5'E）に，たがいに 30-50 m ほど離れた 5 つの捕獲プロットを設け，捕獲地点を 10 m 間隔で設定した（図 6.5; Sakamoto et al., 2015）．捕獲は，生け捕り用シャーマントラップ（6×7×16 cm; HB Sherman Traps, Tallahassee, FL, USA）に餌を十分量入れて実施した．15 時からフタを開けて，1 日 2 回，夜間（22 時から）と翌朝（5 時から）に見回り，その後は 15 時までフタを閉じた．2000 年 2 月から 2002 年 7 月にいたる調査期間中，2 月中旬と 8 月中旬から雌の膣開口が起こり，3 月下旬から 4 月初旬の間と 10 月初旬から中旬の間に，最初の子の巣立ちが観察された（図 6.3; Sakamoto et al., 2015）．本州低地集団では，このような春と秋の年 2 峰型の繁殖パ

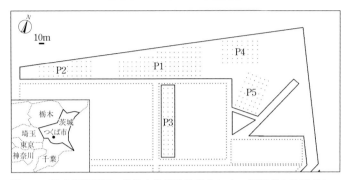

図 6.5　調査地概要図. 筑波大学農林技術センター辺縁部の防風林に5つのプロットを設けた. 直線は森林の境界, 点線は畑作地の境界を示す. 各プロットに, P1 (1.2 ha): 107 個, P2 (0.42 ha): 41 個, P3 (0.45 ha): 45 個, P4 (0.48 ha): 48 個, P5 (0.48 ha): 48 個 の捕獲地点を 10 m 間隔で設定した (Sakamoto et al., 2015 より改変).

ターンが一般的である. 1999 年から 2004 年までの捕獲期間に, アカネズミ以外の齧歯類は一度も捕獲されなかった.

（2）　母娘関係の特定

　研究当時すでに開発されていたアカネズミや近縁齧歯類用のマイクロサテライトマーカーを用いて母子判定を試みたが, 残念ながら, 集団遺伝学の専門家に解析を依頼しても, 対象集団については信頼性の高い判定結果を得られなかった. そこで, 多くの齧歯類の雌では, においや外見的な特徴などの表現型形質を利用して血縁者を識別できることに着目し (Harold, 1982; Holmes, 1986; Waldman, 1988; Le Galliard et al., 2006), この識別能力を利用して母親と子を特定できないか試みた. 室内飼育下のアカネズミは, 20 日齢で 15 g 前後に達する (Oh and Mōri, 1998). また, 同集団を用いた先行研究によって, 体重 12.0 g 以下で捕獲された幼体については, 体重から予測された出生日が, 同じトラップで捕獲された授乳雌の出産日とかなり近いことがわかっていた. そこで, 早朝の捕獲時に, 体重 11 g 以下の幼体とその母親候補の授乳雌を捕獲地点でケージ内に入れ, 授乳, 母から子へのグルーミング, 複数個体が体を密着させあうハドリング行動など, 子の世話に関する行動を観察した. 後に, 宮崎大学の半野外飼育施設で繁殖させた個体

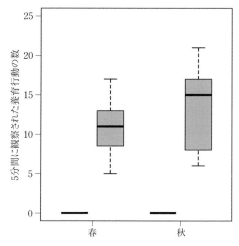

図 6.6 日長と環境温度が自然下と同じ条件である宮崎大学の半野外飼育施設で，ケージのなかで授乳中の雌と離乳間近の雌の幼体を 5 分間同居させたときに，養育行動（ハドリング，成体から幼体へのリッキング，毛づくろい）がみられた回数をカウントした．春（幼体雌計 8 個体）は 2012 年 2 月，秋（計 9 個体）は 2011 年 10 月に実施した．ほんとうの娘の場合と，異なる母親の娘の場合とを比較した結果，繁殖季節にかかわらず，ほんとうの娘にしか養育行動を示さなかった（灰色の箱）．

を用いて，このような母娘判定の信頼性について検証した結果，ほんとうの子でない限り，養育行動をしないことが確認できた（図6.6）．ただし，これは単独で子を提示した場合の結果であり，出産後まもない間に，自身の子のなかに少数の他者の子が混ざった場合は，ほかのネズミ類同様，アカネズミも他者の子の世話をすることもある．

ケージでの行動観察後は，まず子を放し，入った巣穴の入口を特定した．その後，授乳雌を放し，同じ巣穴の入口に入るか観察した．アカネズミは，放逐時にいきなり逃げてしまうことも多いが，繁殖雌は比較的行動を観察できる．通常の捕獲調査のときに，母親候補の雌が使う巣穴の入口をマークしておくと，このような観察がしやすい．実験では，子の世話に関する行動が観察され，かつ，同じ巣穴の入口を使った場合に，母子と特定した．自然下

表 6.1　自然状態での分散の追跡結果と観察個体を取り巻く社会的環境（Sakamo-

観察期間	母親			娘			
	候補	養育行動	共同利用	候補	養育行動	共同利用	定着の特定
2000							
春-夏	36	31	29	53	51	47	23
秋-冬	32	31	30	46	41	39	25
2001							
春-夏	33	28	27	52	49	48	23
秋-冬	26	26	25	41	34	32	21

母親と娘の共同利用の項は，それぞれ巣穴の入口を娘あるいは母親と共同で利用していため，密度は全プロットの合計個体数を調査面積で割り，1 ha あたりの個体数としてえば 2000 年春では，隣接雌がいなかった娘が 3 個体，隣接雌が 1 個体，2 個体，3 個体

での観察では，娘のみを分散の追跡対象にした（表 6.1；Sakamoto et al., 2015）．

（3）　分散距離の算出とそれにもとづいた分散の推定

非繁殖期の開始期に，5 つのプロットでの捕獲によって定着場所を確認できた娘について，分散を判定した．まず，Hanski and Selonen（2009）にしたがい，娘が母親の行動圏の半径の 2 倍以上移動した場合に，分散とみなした．調査期間中，授乳後期の母親の行動圏の半径の最大値が 19.1 m であったため，本研究では 40 m 以上を分散と定義した．アカネズミの雌は繁殖期の開始期になわばり行動を示し，前回の繁殖期にすでに繁殖していた成体雌と，生まれた娘が入り乱れて移動する．したがって，娘の出生後分散の特徴を評価するために，分散は非繁殖期の開始期までの移動によって評価した．自然下での雌の分散の追跡では，母親と娘がともに使っていた巣の位置から算出した行動中心を起点に，つぎの非繁殖期の初めに，娘が使っていた巣の位置から算出した行動中心までの距離を移動距離とした．

（4）　自然状態での雌の分散

娘が移動した距離を，春と秋の繁殖期ごとに，母親がいた場合と母親が不在の場合に分けて整理すると，図 6.7A のようになった（Sakamoto et al., 2015）．母親と娘が同時に移動した例や，それぞれ新しい行動圏を獲得した

6.3 アカネズミの分散研究

to et al., 2015 より改変).

娘の分散に関する実験結果				個体を取り巻く社会的環境			
分散	フィロパトリック	分散個体の割合	移動距離 (m)	母親あり	母親なし	密度	隣接雌の数
17	6	73.9	44.7±9				0:3, 1:11, 2:5, 3:4
6	19	24.0	27.6±6	14	11	20.1	0:4, 1:11, 2:9, 3:1
12	11	52.2	39.5±8	15	8	18.8	0:6, 1:5, 2:12
1	20	4.8	21.5±5	11	10	16.2	0:1, 1:11, 2:6, 3:2, 4:1

た個体の数を示す．移動距離は平均±標準誤差で示す．調査プロット間での移動が見込まれた
評価した．隣接雌の数は，娘が生まれた行動圏と隣接して行動圏をもっていた雌の数で，たと
であった娘がそれぞれ11個体，5個体，4個体いた．

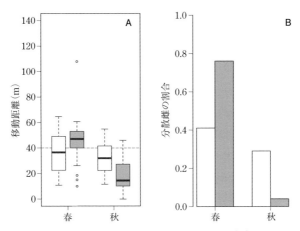

図 6.7 自然状態で追跡した雌の子の移動距離（A）と 40 m を分散の基準としたときに，分散と判定された雌の子の割合（B）．白い箱と白いバーは，非繁殖期の開始期に母親が不在だった場合，灰色の箱と灰色のバーは母親が存在していた場合．サンプルサイズは表6.1を参照（Sakamoto et al., 2015 より改変）．

後も行動圏を重複させていた例はなかった．そして，一度分散した雌が，もとの行動中心から 40 m 以内に再度行動圏をもちなおす事例もなかった．
　非繁殖期の開始期までに 40 m 以上移動した雌を分散したとみなし，母親の存在，繁殖季節（春か秋か），個体数密度，および母親の行動圏に隣接していた繁殖雌の数が，娘が分散したかどうかに与える影響を解析した．母親

の存在は，非繁殖期の開始期までに，母親が観察対象の娘を生んだときの行動圏から40m以上移動していた場合，あるいは調査地全体から消失した場合に不在と定義した．なお，母親の移動先を特定できた場合，2回目の妊娠にともなう繁殖分散と繁殖終了後の移動の両方のケースが観察された．母親の移動距離の最低値は67mであった．

娘の分散には母親の存在が影響しており，春では母親が存在する場合に分散した娘が多く，秋では逆に，母親が存在する場合に出生地にとどまる娘が多かった（図6.7B；Sakamoto *et al.*, 2015）．

（5） 母親を除去した場合の子の分散

娘は能動的に分散していたのか，それとも母親に追い出されて受動的に分散していたのだろうか．今度は，妊娠雌の行動圏内に飼育ケージを設置し，出産直前に捕獲した母親にそのなかで出産・哺育させ，巣立ち前後に実験的に母親を取り除いた場合とそのまま同居させ続けた場合とで，子の分散が異なるかどうかを調べた．この実験では，分散の起点をケージの位置とし，その他は前の実験と同様の解析を行った．

雌はやはり春のほうが秋よりも早く分散していた（図6.8A；Sakamoto *et*

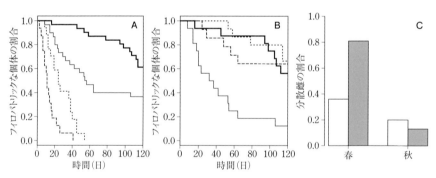

図6.8 母親除去実験で追跡した子の分散．A：雌雄の子の分散に関する生存時間分析のパターン．直線が雌，点線が雄，薄い灰色が春，濃い灰色が秋を示す．B：母親の存在と雌の子の分散に関する生存時間分析のパターン．直線が母親あり，点線が母親なし，薄い灰色が春，濃い灰色が秋を示す．C：40mを分散の基準としたときの分散雌の割合．白いバーは非繁殖期の開始期に母親が不在だった場合，灰色のバーは母親が存在していた場合を示す．2001年の秋に31個体の雌と17個体の雄，2002年の春に30個体の雌と16個体の雄を追跡した（Sakamoto *et al.*, 2015より改変）．

al., 2015).自然状態での観察同様に,春では母親が存在したほうが娘は早く分散を開始し,母親を除去した場合には長い間フィロパトリックであった(図 6.8B; Sakamoto *et al.,* 2015).その結果,今回もやはり春では母親が存在する場合に分散した娘が多かった(図 6.8C; Sakamoto *et al.,* 2015).一方,秋では,母親の存在の影響は明瞭でなかった(図 6.8C; Sakamoto *et al.,* 2015).春も秋もすべての雄が雌よりもかなり早い時期に分散していた(図 6.8A; Sakamoto *et al.,* 2015).そのため,雄が雌の分散の違いに影響を与えるとは考えにくかった.

（6） 春と秋の違い

単独性哺乳類のアカネズミでは,血縁者である母親の存否が娘の分散に影響を与えており,その影響は春と秋で変わるようである.それでは,春と秋の間で大きく変動し,雌の分散に影響を与える集団の背景とはなんだろうか.哺乳類の雌の分散しやすさに影響を与える社会的要因のうち,近親婚の回避は調べていないため,競争と協力の観点から,春と秋の違いを考えてみたい.まず,競争の観点からは,分散は個々の個体が繁殖場所を獲得するプロセスである.そのため,春と秋で母親と娘の繁殖の機会に差異があれば,分散パターンも異なりそうである.一方,協力の観点からは,娘がフィロパトリックで,母親や姉妹との同居が長期継続すると,体温維持や捕食回避におけるメリットが予測される.したがって,寒冷条件と捕食圧の季節的差異が注目すべき要因となる.そして,単独でも分散に影響を与える可能性があり,かつ,上の2つの要因と相互作用しうる要因として,餌や営巣場所などの資源をめぐる競争と個体群密度の季節的差異が想定される.

繁殖の機会

一般に動物の繁殖回数や繁殖子数などの繁殖戦略は,外的環境の時空間的な変動の影響を受ける（Lott, 1991; Kokko *et al.,* 2006).代表的な環境変動として,環境の季節変化があげられる.多くの脊椎動物は日長や環境温度などの季節要因を利用して性腺ホルモンレベルを調節することで,季節繁殖を制御している.そのため,繁殖に関係する社会行動もある程度これらの要因の影響を受けている（Beery *et al.,* 2009).週に 3-4 日ほどのペースで捕獲

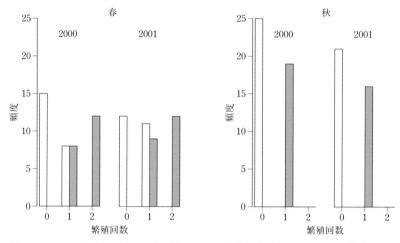

図 6.9 雌の個体ごとの繁殖回数．灰色のバーは成体雌．白いバーはその繁殖期に生まれた雌の子．春と秋で繁殖の機会が異なる．

を続けた結果，調査集団では，母親の繁殖は春に 2 回まで，秋に 1 回のみであることが明らかになった（図 6.9）．そして，春のかなり早い時期に分散した娘の一部は，生まれた春の繁殖期の終盤に 1 回だけ繁殖できることがわかった（図 6.9）．このようなパターンは雌の発情が 60 日齢くらいから始まるという飼育下での観察とよく合っている (Oh and Mōri, 1998)．春に，母親が 2 回目の繁殖を行うか，あるいは，娘が繁殖できる状態になれば，なわばりをもつ必要性から排他的になるだろう．一方，秋では，娘の巣立ち後は，母娘ともに繁殖の機会がない．分散するよりも慣れ親しんだ母親の行動圏にとどまったほうが，娘の生存率は上がり，母親の繁殖成功度も増すと考えられる．例数が少なく，母親の繁殖回数に応じて娘の分散が変わるかまでは検討できなかったが，ケージ内で飼育して母親の 2 回目の繁殖を阻止した母親除去実験でも，春に母親が存在した場合に，分散する娘が多かった．このことは，娘が自身の繁殖状態が良好であることが原因で分散していたことを示唆する．以上のように，繁殖の機会の差異は，春と秋の分散の違いを説明しうる．

寒冷適応

哺乳類や鳥類などの内温動物では，環境温度が下がるとハドリングをして寒さをしのぐ（Gilbert *et al.*, 2010）．巣立ち後も血縁者が近くにとどまり巣穴を共有すれば，巣内の温度が上昇するし，ハドリングもしやすいだろう（Williams *et al.*, 2013）．ハドリングは寒い季節にとくに重要になるので，体温維持の必要性が変わるという観点から分散の可塑性を説明できる可能性がある．しかし，繁殖期の環境温度は，変化の方向性が春と秋で逆になるものの，秋のほうが暖かい状況であった（図 6.3）．これは分散がよく観察され始める時期についてもあてはまる（図 6.3）．さらに，一般に地温は気温よりも位相が遅れて変化するので，この関係は地温でも同様である．したがって，春より秋に娘がよりフィロパトリックであったことは，寒さに対抗するためという至近的なプロセスでは説明しにくい．また，寒冷への適応では，同じ季節のなかで母親の存否によって娘の分散に違いが生じることは説明しきれない．

最低限の熱産生で体温の恒常性を保つことができる温度域（中性温域）の下限を環境温度が下回ると，動物は寒さを感じる．この温度域は，動物種や体サイズ，本来の生息環境，測定条件に依存するため，野外での絶対的な基準を考えることはむずかしいが，アカネズミくらいの大きさの齧歯類は，少なくとも環境温度が 20℃ を下回ると寒さを感じると思われる．そして，日本の多くの地域では，1年のほとんどの時期に，気温と地下温の日最低値が 20℃ を下回る．つまり，アカネズミにとって，熱損失を補えるハドリングは本来さまざまな季節で有効なはずである．もしかしたら単独性の種であっても，小型齧歯類は集合してハドリングしやすい性質を本来もっており，集合してハドリングすることが特殊なのではなく，ある状況下でそれが起こりにくいだけかもしれない．そこで，繁殖季節と雌の繁殖状態がハドリングしやすさに影響を与えるかを調べるために，血縁関係にない亜成体の雌と成体雌を同居させて観察した．春と秋，いずれの繁殖期も，繁殖状態の成体雌がいるペアではハドリングをしにくかった（図 6.10）．分散のケース同様，やはり個体の近接を許容するか否かに関して，繁殖状態が重要な鍵を握ると思われる．このことも考慮すると，小型齧歯類の季節的な集合の前提として，繁殖の終了と連動した社会関係の季節的な変化が先に起こっており，寒さは

146   第6章　アカネズミの社会行動

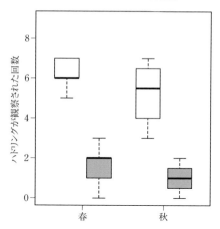

図 6.10　雌の繁殖状態とハドリングしやすさの関係. 2011年と2012年の春（計7ペア）と秋（計8ペア）に，血縁関係にない亜成体の雌と成体雌を同居させ，ハドリングを観察した．白は亜成体の雌と非繁殖状態の成体雌とのペア，灰色は亜成体の雌と繁殖状態にある成体雌のペア. 9回の観察時にハドリングが観察された回数を比較した．いずれの繁殖期も，繁殖状態の成体雌がいるペアではハドリングをしにくかった．

むしろ，集合しやすさを促進する要因なのではないかという仮説が立てられる．その場合，繁殖の機会が少ない秋には，そもそも娘がとどまりやすい社会関係ができているために，ハドリングしやすい状況が生じており，寒くなるにつれて，これが強化されることで，長期的に出生地にとどまることにつながるというストーリーが期待される．季節的な生理適応と社会行動との相互作用について，フィールドと実験室でさらに探る必要がある．

餌や営巣場所などの生態的制約と個体群密度

　集団の密度は局所的な環境での個体間関係に影響を与え，分散にも影響を与えると考えられている．これは，一般的にもっともイメージしやすい要因かもしれないが，本実験では，春と秋で集団の密度や隣接雌の数がそれほど変わらなかった（表6.1）．また，齧歯類の自然集団で，密度が攻撃性の変

化を直接誘導することを示せた例はいまのところわずかしかない．そのため，密度が分散に与える影響は，餌などの資源をめぐる競争（生態的制約 ecological constraints とよばれる）を通じた間接的なものだと考えられている（Dantzer et al., 2012）．調査地はシラカシやアカマツが豊富であり，アカネズミは秋から冬の間はもちろんのこと，春の繁殖終了後になってもシラカシの実生を利用していた．調査期間中は高頻度のトラッピングにより，林内に餌を追加した状態であり，下層植生がまったくない場所のドングリは手つかずのままであった．さらに，開けた二次林であり，アカネズミの大好物である昆虫類が豊富であった．より厳密な検証が必要ではあるが，どちらかの季節で餌が制限されているようには思えなかった．一方，下層植生の被度は秋にかなり減少しており，捕食圧の回避に有効なよい営巣場所は限られていた可能性がある．近年，分散の可塑性は，モモンガ類やリス類など営巣場所への選好性が強いとされる動物で報告が続いている（Hanski and Selonen, 2009; Williams et al., 2013）．アカネズミの分散の可塑性も，好適な生息場所の有無と関係しているかもしれない．集団の密度が生態的な制約を通じて分散に影響するのであれば，分散するかしないか，あるいは，いつ分散するかなどの分散様式よりも，どの程度遠くによい場所をみつけられるかという，分散距離への影響が大きいかもしれない．

6.4 ネズミ類の分散研究の今後

単独性動物であるアカネズミの雌の分散の可塑性には，社会的な近接を許容するメカニズムの季節変化が関係していると考えられる．分散と，繁殖や寒冷適応など環境の季節変化への生理応答との相互作用に着目して，現在研究を進めている．本研究では，捕食圧の差異に応じて同居しやすさが変わるという協力的なプロセスは直接調べていないため，これは将来的な課題である．また，アカネズミを含むネズミ類では，春と秋で子の成長スピードが違うことが示唆されている（Goldman, 2003; Shintaku et al., 2010）．この発達的なプロセスの季節差と分散の季節差の関係も，今後検討したい課題である．

齧歯類は単独性から真社会性までのすべての社会をもつ唯一の哺乳類である．一方で，直接観察がむずかしく，種類が豊富なわりに観察対象が限られ

ている．そのため，さまざまな齧歯類で社会行動の可塑性が強調され始めたのはごく最近のことである．とくに，同一集団の個体が群れ性と単独性を使い分ける Rhabdomys pumilio（Schoepf and Schradin, 2012）のようなユニークな事例がみつかって以降，モモンガ類やリス類などの樹上性リス類を中心に，普通種でも多様な分散を行っていることがわかってきた．意外なことに，樹洞などの巣や行動圏が資源として重要で，なわばり行動が激しいとされてきた動物種でも，集合に関する報告が少なくない．いままで単独性として画一的に扱われていた動物の社会にもじつは理論立てて説明できる多様性があるのかもしれない．ある動物がどのような状況下で分散しやすく，あるいは分散しにくいのかについての情報，すなわち分散の可塑性やこれに影響を与える要因にはよいヒントが隠れていそうである．

哺乳類の分散の可塑性や，単独性哺乳類で娘と母親との対立が生じうることなどは，日本の哺乳類研究者はかねてより認識していた（仲谷・岸元，1988）．理論的枠組みやサンプリング・解析手法が整ってきた今日，ニホンザルの記載研究を回顧し，例外とされてきた雌の分散に意味を見出した研究（Tsuji and Sugiyama, 2014）や，ツキノワグマの母系が非常に長期にわたってフィロパトリックであり続けること（Ohnishi and Osawa, 2014）など，新しい知見も蓄積されつつある．しかし，いわゆる野ネズミ類ではまだ報告が少ない．行動生態学に生理学，景観生態学，集団遺伝学など多様な分野の視点を組み合わせれば，野ネズミ類の分散についてもさまざまな現象が明らかになるだろう．

引用文献

Beery, A. K., D. M. Routman and I. Zucker. 2009. Same-sex social behavior in meadow voles: multiple and rapid formation of attachments. Physiology & Behavior, 97：52-57.
Bronson, F. H. 1985. Mammalian reproduction: an ecological perspective. Biology of Reproduction, 32：1-26.
Clobert, J., M. De Fraipont and E. Danchin. 2008. Evolution of dispersal. In （Danchin, E., L. A. Giraldeu and F. Cezilly, eds.）Behavioural Ecology. pp. 323-335. Oxford University Press, Oxford.
Clutton-Brock, T. H. and D. Lukas. 2012. The evolution of social philopatry and dispersal in female mammals. Molecular Ecology, 21：472-492.
Cote, J. and J. Clobert. 2007. Social personalities influence natal dispersal in a liz-

ard. Proceedings of the Royal Society B: Biological Science, 274 : 383-390.
Dantzer, B., S. Boutin, M. M. Humphries and A. G. McAdam. 2012. Behavioral responses of territorial red squirrels to natural and experimental variation in population density. Behavioral Ecology and Sociobiology, 66 : 865-878.
Dobson, F. S. 1982. Competition for mates and predominant juvenile male dispersal in mammals. Animal Behaviour, 30 : 1183-1192.
Emlen, S. T. and L. W. Oring. 1977. Ecology, sexual selection, and the evolution of mating systems. Science, 197 : 215-223.
Eto, T., S. H. Sakamoto, Y. Okubo, C. Koshimoto, A. Kashimura and T. Morita. 2014. Huddling facilitates expression of daily torpor in the large Japanese field mouse *Apodemus speciosus*. Physiology & Behavior, 133 : 22-29.
Gilbert, C., D. McCafferty, Y. Le Maho, J. M. Martrette, S. Giroud, S. Blanc and A. Ancel. 2010. One for all and all for one: the energetic benefits of huddling in endotherms. Biological Reviews, 85 : 545-569.
Goldman, B. D. 2003. Pattern of melatonin secretion mediates transfer of photoperiod information from mother to fetus in mammals. Science Signaling, 192 : 29.
Greenwood, P. J. 1980. Mating systems, philopatry and dispersal in birds and mammals. Animal Behaviour, 28 : 1140-1162.
Hanski, I. and V. Selonen. 2009. Female-biased natal dispersal in the Siberian flying squirrel. Behavioral Ecology, 20 : 60-67.
Harold, J. G. 1982. Kin recognition in white-footed deermice (*Peromyscus leucopus*). Animal Behaviour, 30 : 497-505.
Holmes, W. G. 1986. Kin recognition by phenotype matching in female Belding's ground squirrels. Animal Behaviour, 34 : 38-47.
Kokko, H., A. Lopez-Sepulcre and L. J. Morrell. 2006. From hawks and doves to self-consistent games of territorial behaviour. The American Naturalist, 167 : 901-912.
Kokko, H. and M. D. Jennions. 2008. Parental investment, sexual selection and sex ratios. Journal of Evolutionary Biology, 21 : 919-948.
Le Galliard, J. F., G. Gundersen, H. P. Andreassen and N. C. Stenseth. 2006. Natal dispersal, interactions among siblings and intrasexual competition. Behavioral Ecology, 17 : 733-740.
Le Galliard, J. F., G. Gundersen and H. Steen. 2007. Mother-offspring interactions do not affect natal dispersal in a small rodent. Behavioral Ecology, 18 : 665-673.
Lott, D. F. 1991. Intraspecific variation in the social systems of wild vertebrates. Cambridge University Press, London.
仲谷淳・岸元良輔.　1988.　日本哺乳類学会1988年大会自由集会記録1　哺乳類における子どもの分散の性差.　哺乳類科学, 28 : 75-79.
Oh, H. S. and T. Mōri. 1998. Growth, development and reproduction in captive of the large Japanese field mouse, *Apodemus speciosus* (Rodentia, Muri-

dae). Journal of Faculty of Agriculture Kyushu University, 43 : 397-408.
Ohnishi, N. and T. Osawa. 2014. A difference in the genetic distribution pattern between the sexes in the Asian black bear. Mammal Study, 39 : 11-16.
Quirici, V., S. Faugeron, L. D. Hayes and L. A. Ebensperger. 2011. The influence of group size on natal dispersal in the communally rearing and semifossorial rodent, *Octodon degus*. Behavioral Ecology and Sociobiology, 65 : 787-798.
Sakamoto, S. H., S. N. Suzuki, Y. Degawa, C. Koshimoto and R. O. Suzuki. 2012. Seasonal habitat partitioning between sympatric terrestrial and arboreal Japanese wood mice, *Apodemus speciosus* and *A. argenteus*, in successional vegetation. Mammal Study, 37 : 261-272.
Sakamoto, S. H., T. Eto, Y. Okubo, A. Shinohara, T. Morita and C. Koshimoto. 2015. The effects of maternal presence on natal dispersal are seasonally flexible in an asocial rodent. Behavioral Ecology and Sociobiology, 69 : 1075-1084.
Schoepf, I. and C. Schradin. 2012. Better off alone! Reproductive competition and ecological constraints determine sociality in the African striped mouse (*Rhabdomys pumilio*). Journal of Animal Ecology, 81 : 649-656.
Shintaku, Y., M. Kageyama and M. Motokawa. 2010. Differential growth patterns in two seasonal cohorts of the large Japanese field mouse *Apodemus speciosus*. Journal of Mammalogy, 91 : 1168-1177.
Shioya, K., S. Shiraishi and T. Uchida. 1992. Microhabitat use according to reproductive condition in two *Apodemus* species. Journal of Mammalogical Society of Japan, 17 : 1-10.
Sipari, S., M. Haapakoski, I. Klemme, J. Sundell and H. Ylönen. 2014. Sex-specific variation in the onset of reproduction and reproductive trade-offs in a boreal small mammal. Ecology, 95 : 2851-2859.
Stenseth, N. C. and W. Z. Lidicker, Jr. 1992. The study of dispersal: a conceptual guide. *In* (Stenseth, N. C. and W. Z. Lidicker, Jr., eds.) Animal Dispersal. pp. 5-20. Springer, Berlin.
Trivers, R. 1972. Parental investment and sexual selection. *In* (Campbell, B. G. ed.) Sexual Selection and the Descent of Man. pp. 136-179. Aldine de Gruyter, New York.
Tsuji, Y. and Y. Sugiyama. 2014. Female emigration in Japanese macaques, *Macaca fuscata*: ecological and social backgrounds and its biogeographical implications. Mammalia, 78 : 281-290.
Waldman, B. 1988. The ecology of kin recognition. Annual Review of Ecology and Systematics, 19 : 543-571.
Williams, C. T., J. C. Gorrell, J. E. Lane, A. G. McAdam, M. M. Humphries and S. Boutin. 2013. Communal nesting in an 'asocial' mammal: social thermoregulation among spatially dispersed kin. Behavioral Ecology and Sociobiology, 67 : 757-763.

7

実験動物としてのアカネズミ
新しい研究資源としての可能性

越本知大

　哺乳類を対象とした研究は，野生動物などを相手にしてフィールドワーク的にアプローチする場合と，人為的に統御された環境で育成した動物を用いて，条件を一定に統御して実施する場合とに大別できる．実験医学や薬品の安全性試験では後者が中心的手法となることが多く，主要な研究素材は標準化された系統として維持される実験動物である．このため近年では，実験動物の多様な系統のみならず，関連する情報を研究用の資源として一元的に収集管理することの重要性が認識されている．実験動物は遺伝的，微生物的に統御されていない野生動物とは相容れない範疇の研究素材と認識されがちであるが，両者の境界は徐々に取り除かれつつある．また研究手法として生化学的，生物工学的な技術が一般化するなか，研究者が今日手にすることのできる選択肢は大きく広がっており，今後もその幅は拡大していくであろう．

　このような背景のもと，筆者らは既存の実験動物の枠組みを超えて，哺乳類研究者が幅広く活用できる新たな研究資源をアカネズミ属の野生齧歯類に求め，その開発に取り組んでいる．筆者らの取り組みは緒に就いたばかりで，試行錯誤を繰り返す段階である．したがって，ここではその基本的な概念と現状および今後の展望について，実験動物学的視点を交えてまとめることで，アカネズミ属齧歯類の研究資源化の意義について考えてみたい．

7.1　実験動物の歴史——実験医学領域を中心に

- 実証的な医学研究の強力なツールとして，紀元前から哺乳類を用いた検証が行われており，とりわけ 20 世紀以降，実験動物として検証結果に

影響する多様な要因を厳密に統御した研究素材が作出された．

　齧歯類に限らず，哺乳類は生物学研究の進展を支える研究素材として医学研究を中心に古くから利用されてきた．哺乳類を用いた実証科学の歴史はギリシャ時代にまでさかのぼることができる．この時代には，医学の父と称されるヒポクラテスをはじめとする多くの医学者が，解剖学的検証を目的として家畜などを用いたことが，"The Corpus Hippocraticume（ヒポクラテス全集）"などに記載されており，すでにギリシャの都市国家を中心に生きものの原理にアプローチする多くの試みがなされてきたことがうかがい知れる．しかしヨーロッパにおいて，医学生物学を含む自然科学の研究はキリスト教の台頭によってその後長期間にわたる断絶を余儀なくされた．この間，ギリシャの古典医学はイスラム圏で継承されたものの，自然科学がヨーロッパでふたたび体系化されたのはルネッサンスが興る15世紀以降となる．近世に入るとアンドレアス＝ベサリウスやウイリアム＝ハーベイに代表される解剖学研究者を中心とした数多くの医学生物学者によって，哺乳類が科学的検証のツールとして積極的に活用され，ギリシャ時代に構築された医学生命科学的知見が大きく見直されることとなった．さらに19世紀に入ると，クロード＝ベルナールが"Introduction a l'etude de la medecine experimentale（実験医学序説）"を著し，動物実験を近代的な科学の方法論として成立させた．実験用マウスの作出と系統維持が開始されたのは20世紀に入ってからで，遺伝学やがん研究を中心に，試験，研究，教育といった目的に応じるよう，研究用の動物生産が徐々に体系化され，動物実験の精度向上が図られていった．ベルナールが『実験医学序説』を著してからおよそ1世紀を経た1970年代には，彼が論じた実験動物の遺伝的，微生物的，環境的な統御が技術的に達成可能となり，その結果，おもに医学研究を目的として先鋭化された実験動物の商業的生産が一般化した．さらに1990年代に入るとマウスを中心に遺伝子改変技術が普及し，逆遺伝学的なアプローチによって，これまで以上に多くの研究成果が得られるようになった．このことは人間や動物の生物としての機能についての理解を格段に進展させ，病気の予防や治療，新しい治療法や薬品，医療機器の発展を通して人間や動物の健康や福祉を向上させてきた．

7.2 実験動物の意義と限界

- 医学研究の推進力となってきた実験動物は，系統ごとに特徴的な表現型を，個体差をほとんど示すことなく発現するよう作出されてきた歴史を有する．このことは実験動物の長所である一方，多様性の欠如としてとらえた場合，「生きもの」としてはきわめて特異的であるといわざるをえない．

生物学的研究素材として哺乳類を考えた場合，その多くがヒトの医学薬学研究を目的として発展してきた歴史を反映して，「実験動物」という用語はマウスやラットを中心とした，きわめて特殊化した動物に限局して狭義に用いられることが多い．つまり実験動物とは倫理的に実験対象とすることができないヒトの代替として用いられる動物を指し，外挿のためのモデルとして特化した研究素材を意味するととらえる場合が一般的である．しかし，マウスやラットなどヒトとは異なる「種」で再現できるヒト種の生理や病理，さらにその他の生物学的特性には限界がある．そのため実験動物には，ヒトと共通する資質を強調し，その要素を的確に抽出できるようさまざまな工夫が加えられてきた．この流れは一方で，それぞれの動物種が長い進化の歴史で獲得してきた，種としての遺伝的な独自性や特異性，さらには個体差にいたるまでをも極力排除する流れでもあり，実験動物作出の歴史的なコンセプトでもある．つまりこの目的を達成するためには，繁殖集団を遺伝的に均一に統御する必要があり，近交系やアウトブレッドでの管理が主流となるとともに，それらの動物を用いた実験の結果を撹乱する可能性がある微生物を排除した状態（specific pathogen free；SPF）での飼養が強く求められることとなる．また，飼育室の温湿度や光周期，騒音，気流などの物理的条件や，臭気や飼料成分などの化学的環境条件も厳密な管理が要求される．このようにして生産，育成された動物は個体間のレベルにおよぶまできわめて高い斉一性が達成されており，それぞれの系統の背景特性に関する詳細な情報の蓄積も進んでいる．とくにマウスとラットは国家プロジェクトである National Bio-Resource Project の指定種として，国内に分散するさまざまな系統の一元的管理が進められるとともに，それらのゲノム情報や表現型に関する数多

くの特性情報をも含めてオープンリソース化が進んでいる．また，これに付随して ES，iPS 細胞の作出や遺伝子改変，ゲノム編集などの先進的な技術も普及し始めており，実験医学領域におけるマウスやラットの研究素材としての汎用性と優位性は不動のものとなっている．

しかし，多様な系統や広範な特性情報の蓄積，これらに関連した先端技術の開発は，実験医学領域の基盤を 100 年以上にわたり支えてきた研究資源であればこそ達成された特殊性でもある．すなわち，マウスやラットがヒトのモデル動物として示す多くの有用な表現型は，哺乳類が広く一般に提示する特性ではない場合も多く，医学的な視点を離れて，一般動物学的にとらえた場合，人類が実験動物から獲得した知識は「生きもの」が示す多様な生命現象の特殊な一部分でしかない．たとえばヒトの再生医療に救世主的な位置づけがされている iPS 細胞についても，その作出が可能な動物種は，いまのところヒトやマウスなどきわめて限定的で，さらに動物種間の分化多能性は異なっており，その原因も不明であるなど，哺乳類の表現型として考察すると議論の余地は数多く残っている．また，実験動物のゲノム情報が整備されてきたとはいえ，生命現象の複雑性をすべて遺伝子情報のみで説明することは不可能であり，それに関連した多様な表現型の解析が重要であることは，多方面の生命科学研究者に共通した認識となっている．そもそも生物の示す多様な表現型は，個々の生物種や地域集団が長い進化の過程で獲得した変異と選抜の総和であり，そのモデルを一部の先鋭的な研究素材のみに求めることには限界がある．換言すれば，完全な代替モデルとすることはほぼ不可能である．また，先にも述べたとおり，既存の実験用齧歯類は，実験結果の再現性向上を優先するために，長年の近交系化により個体差の排除に成功した研究用生物として作出されてきたため，遺伝的多様性の観点から評価すれば，それらを人為的に欠失させる育種過程を経た甚だ特異な「生きもの」であるとみなすこともできる．したがって，これらを実験医学領域を超えて広く「生きものの普遍的な仕組み」を探索する一般生物学における研究素材として活用する場合，実験動物学的長所は欠点ともなりうる．これらのことを勘案すると，マウスなど医学領域における先鋭的なモデル動物の欠落点を補完する一般生物学的研究素材の開発と整備は，実験動物学領域に残された大きなニッチととらえることができよう．筆者らは，実験医学領域においてマウ

スやラットなど既存の研究素材ではカバーしきれない，ヒトの病理・病態などの特性を補完しつつ，さらに守備範囲を拡大して，広く哺乳類を科学する場合の指標もしくは標準動物としても機能する新たな研究用バイオリソースを開発する余地があるのではないかと考えた．

7.3 野生齧歯類の生物学研究資源としての活用

- 遺伝的多様性を喪失した実験用齧歯類の欠陥を補完する野生齧歯類由来の研究資源の代表例として，北米大陸に分布する *Peromyscus* 属のバイオリソースがあげられる．一方でユーラシア大陸に分布する *Apodemus* 属も，小規模ながら同様の目的で活用されてきた歴史を有している．しかし，いずれにも日本在来種は含まれていない．

北米大陸に広範囲に分布する *Peromyscus* 属齧歯類の実験動物化を進める *Peromyscus* Genetic Stock Center（PGSC）は，世界的にもっとも成功した野生由来齧歯類のバイオリソースである．これはミシガン大学で 1946 年から収集維持されてきた *Peromyscus* 属齧歯類（図 7.1）を，1985 年以降にサウスカロライナ大学が受け継いで発展させてきた研究用コロニー（図 7.2）で，現在では 7 種の野生由来集団（亜種を含めるとさらに数は増える）が閉鎖系で管理されている．それらのうちの中核種である *P. maniculatus* に関しては，毛色変異 13 系統，酵素型などのタンパク質変異 8 系統が近交系として選抜されており，これらを交雑した F_1 系統や組織試料，遺伝子試料，さらには関連する生理，生態的特性情報などを含め，体系的な整備が進んでいる．そしてこれらを研究素材として，免疫学，老齢医学，毒性学，人獣共通感染症学といった多方面の医学，薬学，獣医学領域の研究成果が報告されており，さらに進化生物学，生態学，動物行動学といった基礎生物学分野においても，北米を中心に幅広く活用されている（http://stkctr.biol.sc.edu/wild-stock/index.html）．

一方で，日本を含むユーラシア全域から北アフリカにまで広い範囲に分布する *Apodemus* 属齧歯類も同様の研究資源として，局地的に活用されてきた歴史を有している．これらは北米大陸の *Peromyscus* 属齧歯類と生態学的

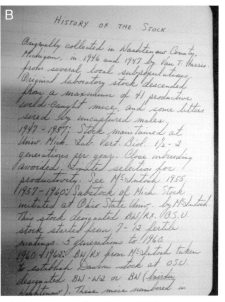

図 7.1　A：PGSC の歴史が綴られた捕獲・飼育記録ノート第 1 巻目の表紙．B：1946 年から歴史の概要が記されているノートの第 1 ページ目．C：実験動物化された *Peromyscuc* 属齧歯類．ハンドリングが可能な状態にまで順化が進んでいた．

図 7.2　サウスカロライナ大学にある現在の PGSC．

7.3 野生齧歯類の生物学研究資源としての活用

図 7.3 宮崎大学で 30 年にわたって維持される *A. sylvaticus* コロニー．

に類似した位置にあり，フィールド研究を中心とした生物学的な検証が数多くなされてきた．筆者らはこのうちのヨーロッパ種である *A. sylvaticus* の個体群を実験室環境下の閉鎖系で長期にわたって維持し，研究資源としての活用を模索してきた．筆者らの維持する集団はドイツのリューベック大学より 1985 年に日本に移入され，土屋公幸博士が 1987 年より宮崎医科大学（現・宮崎大学医学部）で繁殖を開始した個体群が中心となっており，脂質異常症をはじめとした複数の病態モデル動物として実験動物学的アプローチでの解析を試みている（Tsuchiya *et al.*, 1992；篠原ほか，2004；Ito *et al.*, 2007；名倉ほか，2013）．本種に関しては同様に，英国リバプール大学獣医学部において英国内の野生由来コロニーが，少なくとも 1995 年から現在まで実験室で繁殖維持されているようで，ウイルス学や発生生物学など基礎医学分野における研究資源として活用されている（Xiang *et al.*, 2008；Hughes *et al.*, 2010, 2011；Leemong *et al.*, 2015）．このように *A. sylvaticus* は北米の PGSC と比較すると小規模かつ単独種の集団で，研究室単位での維持にとどまってはいるものの，基礎医学，生物学研究の素材として制御環境下で維持管理され活用されている（図 7.3）．さらに筆者らは *A. sylvaticus* の表現型情報とそれら雌雄，週齢による変動についての情報，すなわち体重（図 7.4），主要臓器重量（表 7.1），繁殖成績（表 7.2），自発活動量（図 7.5）に

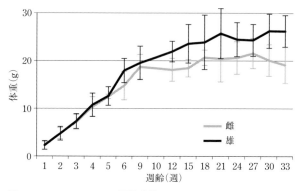

図 7.4 *A. sylvaticus* の増体曲線.

表 7.1 *A. sylvaticus* の臓器重量. 測定値は成雄個体 5 頭分の平均値で示した.

項　　目	重　量 (g)		重　量 (mg/g 体重)	
	平　均	SD	平　均	SD
体　重（絶食前）	28.69	4.94	—	—
体　重（絶食後）	26.14	4.72	—	—
精　巣（左）	0.36	0.09	13.01	4.85
精　巣（右）	0.33	0.08	12.06	4.33
脾　臓	0.03	0.01	0.94	0.39
膵　臓	0.06	0.01	2.09	0.62
腎　臓（左）	0.12	0.02	4.23	0.62
腎　臓（右）	0.12	0.02	4.20	0.34
肝　臓	0.95	0.20	32.90	2.89
心　臓	0.11	0.01	4.03	0.52
脳	0.52	0.02	18.46	2.59
小　腸	0.61	0.10	21.24	2.62
盲　腸	0.12	0.02	4.28	0.60
大　腸	0.23	0.04	8.15	0.46

表 7.2 *A. sylvaticus* 産仔の雌雄比と平均産仔数.

区　分	メ　ス	オ　ス	平均産仔数
	n (%)		平　均 (SD)
初　産	70 (43)	91 (57)	3.5 (1.1)
次産以降	163 (46)	188 (54)	3.6 (1.1)
すべて	233 (46)	279 (54)	3.6 (1.1)

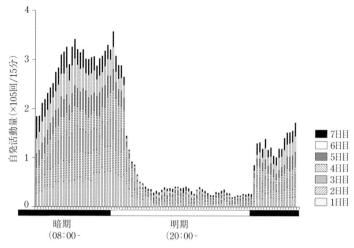

図 7.5 *A. sylvaticus* の自発活動量の典型例.測定は成雄を対象として,supermex(室町機械)を用いて 7 日間連続で行った.

加え,外部形態,摂餌摂水量,血液生化学値,エネルギー代謝などのデータを集積して研究用資源としての基礎的な情報を整備しつつある.

しかし,これらの野生齧歯類はいずれも日本国外に分布域をもつことから,基礎医学分野での実験動物的意義はともかく,国内に分布する小型哺乳類の自然史研究への利用性が高い素材とはいえ,日本の研究者にとって「広く生きものの普遍的な仕組みを探索するための基準的な研究素材」として位置づけることはできない.

7.4 実験動物としての日本の *Apodemus*

- 日本に生息する *Apodemus* 属 4 種のうち,*A. speciosus* および *A. argenteus* は固有種であり,普通種であることから,実験室コロニーを作出することで医学領域を超えて広範な基礎生物学分野に貢献する研究資源となりうる可能性を有している.そこで筆者らは,これらの繁殖コロニーの確立を試み,研究資源としての基礎特性データの集積を始めている.

A. speciosus および *A. argenteus* は沖縄および南西諸島の一部を除いた日本全国の平野部から亜高山帯にかけて普遍的に分布する日本固有種である（阿部，2008；Nakata *et al.*, 2015）．これら2種は多様な地勢的条件を有する日本列島に広く適応していることから（宮尾ほか，1967；兼松，1973；村上，1974；鈴木ほか，1975；近藤・阿部，1978），きわめて柔軟な環境応答性がそなわっていると考えられている．実際これまでに，その地域変異や季節変異に関する比較研究（土屋，1974；宮尾，1981；友澤，2006；Shintaku *et al.*, 2010；Sakamoto *et al.*, 2015）や，本種を指標動物とした環境評価研究（環境省，2008；Ishiniwa *et al.*, 2010, 2013）がなされており，わが国の哺乳類研究において絶好の対象となってきた．したがって，これまでフィールドで観察されてきた多様な現象を，環境条件がより統御された実験室内で再現し，標準化するための *A. speciosus* の研究用コロニーが整備できれば，国内の哺乳類研究者にとって野生下で観察される表現型の背景にある生理的，遺伝的な機構への詳細なアプローチを試みる新たな素材となりうると期待できる．さらに，日本固有種である *A. speciosus* のコロニーを，筆者らがすでに実験動物化を進めている *A. sylvaticus* コロニーと並立することができれば，広範な自然史研究から先鋭的な実験医学領域までを幅広くとらえることができる．独自の *Apodemus* 属バイオリソースとして付加価値を高めることも可能であろう．しかし，制御環境下での繁殖集団の作出と維持が（少なくとも閉鎖系の条件であれば）可能な *A. sylvaticus* とは対照的に，*A. speciosus* は早くから，室内環境下での繁殖が困難であることが指摘されており，このことが，本種のコロニーを作出するうえでの大きな障害となってきた．本種の人工繁殖と継代に関してはこれまでに若干の情報が単発的にみられるのみであった（土屋，1974；Oh *et al.*, 1998）．しかし一方で，学術的な報告はなされていないものの，全国の動物園などでは独自に *A. speciosus* を繁殖させ展示などを行ってきたとの情報もあり，制御環境下での繁殖がまったく不可能ではないことも示唆されてきた．

　そこで筆者らは，2009年から新たな手法を模索しながら，本種の人為繁殖を誘導／促進する要因を検証し始めた．野生下での *A. speciosus* の繁殖は，北海道および本州高山帯では春から秋にかけて，本州では春および秋に，そして九州では秋から春にかけて観察されており，繁殖の誘導には環境温度が

大きく影響していることが古くから指摘されていた（村上，1974）．さらにこれまでの報告や動物園での記録から，A. speciosusの繁殖を制御する要因として，自然環境要因に加えて，繁殖時のストレスなどの飼育環境に関しても示唆的な知見が提示されていることがわかってきた．そこで以下に示すとおり，半野外の野生に近い物理的環境と，日長や温度が人為的に統御された室内飼育施設を設定し，さらに繁殖中の母獣のストレスを軽減するための工夫を飼育ケージに施しながら，2年間にわたる個体の繁殖兆候を観察した．筆者らは当初，日長や温度などの物理的条件が自然環境を反映する半野外条件では繁殖の誘導が可能であるが，物理的な条件が一定（室温22±2℃，湿度60±10%）の飼育室ではそれが抑制されると予測した．しかし実際には，半野外の環境条件で飼育するだけでは繁殖は誘導できず，そこに飼育ケージに個体が退避できる環境をつくることで，ようやく産仔を獲得することができた．さらにこの手法を用いると，温湿度や光周期などの物理条件が一定の室内でも繁殖が誘導できることがわかった（酒井ほか，2013）．詳細には，厚さ5 mmの合板をケージサイズにカットし，対角に直径4 cm程度の穴を出入口として開け，飼育ケージの高さの半分程度まで入れた床敷きに完全に被せて，妊娠期から分娩哺乳までをこの疑似巣穴で孤立して行えるよう飼育個体に退避空間を供与した（図7.6）．さらに，産仔の鳴き声によって分娩確認を行うこととし，保定はもとより，目視も避けることで，繁殖個体へのストレス軽減に努めた．類似した手法は1960年代に日本の野生ハツカネズミ（*Mus musculus molossinus*）を実験動物化する初期の過程で，ケージ内繁殖を誘導する手法として紹介されている（近藤，1983）．

　結果的に，ストレスを軽減するこれらの飼育法を適用することで，繁殖抑制のトリガーが解除され，その後の繁殖率は半野外での自然環境条件に比べて，室内での条件下でむしろ増加する結果となった．また筆者らは，野生下での繁殖期が秋から春に限られる九州の個体を用いて複数年にわたり継続的に繁殖試験を行っていたが，室内環境に順応して連続的に分娩する個体では，冬期の妊娠，分娩率が高いものの，野生下で非繁殖期とされる夏期を含めてほぼ周年の繁殖が観察されるケースもみられ，繁殖の季節性が減弱することがわかった．

　これらの知見は，飼育下のA. speciosusの繁殖が環境の季節性を反映する

図7.6 *A. speciosus* の人工繁殖のトリガーとなった中蓋式飼育ケージ．類似した飼育管理方法として近藤恭司氏は，日本産ハツカネズミの飼育ケージに幅10 cm程度の杉板を斜めに差しかけることで野生マウスの飼育繁殖に好影響を与えることを経験していると1960年代に報告している（酒井ほか，2013）．

物理的な条件のみならず，妊娠個体にかかるストレス因子や同居個体との相互作用にも大きく影響されていることを強く示唆していると結論づけた（酒井ほか，2013）．筆者らの *A. speciosus* コロニーは，2013年に導入した3ペアのファウンダーをもとにして，閉鎖系のランダム交配で維持することで現在第5世代まで伸張している．今後も基本的には近交系化など強い遺伝的制御を行わず，遺伝的多様性を保ったまま閉鎖系で維持することを考えている．

先に述べたとおり，筆者らは日本在来の *Apodemus* 属に先がけて，*A. sylvaticus* を30年近く安定的に繁殖維持してきた．後者は人工的な飼育環境によく適応し，長期にわたって季節性を示さず安定した繁殖成績を示しており，系統維持が容易な齧歯類である．一方で，在来種である *A. specious* の制御環境下での繁殖能力は依然低く，継続的な繁殖の誘導が可能となって4年程度が経過した2015年秋期の時点の繁殖率（分娩もしくは哺育ペア数／繁殖用ペア数）は5%程度で，季節性も完全消失にはいたっていない．同じ *Apodemus* 属の齧歯類であるにもかかわらず，飼育下で両者の繁殖発現の感受性が大きく異なることは興味深いが，PGSCでも同様に，制御環境下での

繁殖率は種間によって大きく異なっており，実験室での維持が不可能な種も観察されていると聞いている．

7.5 *Apodemus* リソースの洗練

- 実験動物化した *Apodemus* 属集団の研究素材としての活用性を高めるため，実験用マウスなどで汎用されている微生物制御や生殖補助の技術の転用を試みている．

コロニーを安定的に維持するためには繁殖率の向上が必須である．制御環境下で繁殖を繰り返すことで，その環境に高い順応性を示す個体が選抜され，繁殖率が向上することが期待される．これは一方で，環境順応性やストレス耐性，繁殖性などに関連した遺伝的因子に選択圧がかかることを意味し，*A. speciosus* のように飼育環境への適応性がもともと低い種においては特定の形質に対して強いボトルネックがかかる可能性があり，野生種の標準系統として利用する場合には考慮すべきかもしれない．しかし，繁殖を人為的に統御した（家畜化された）動物は，ウシやブタなどの産業動物からマウスやラットなどの実験動物まで，多少なりともこのような選択圧を受けた集団である．

繁殖に影響する因子は遺伝的要因以外にも温湿度や光周期条件，個体のストレスに影響する騒音や飼育密度・換気の際の気流速度などの物理的要因，飼料や水の成分，臭気などの化学的要因，さらには感染症などの生物学的条件などが考えられる．これらをそれぞれ個別に検討し，洗練していくことでも繁殖性の改善が可能であると考える．このうち生物学的条件に関しては，コロニーの繁殖成績への影響に加えて，もしくはそれ以上に研究資源の品質として考慮すべき問題ともなる．すなわち実験結果の再現性の向上と，研究者と動物を感染症のリスクから守るために，実験動物では一般に高度な微生物統御が求められている．筆者らの *Apodemus* コロニーでは現時点で，とくに伝播性が強く感染が拡大することで動物を致死させる可能性の高い4種の病原体，Mouse hepatitis virus, Sendai virus, *Mycoplasma pulmonis*, *Clostridium piliforme* のモニタリングを実施するにとどまっているが，実験動

物で標準的とされる微生物統御レベル，たとえば国立大学法人動物実験施設協議会がまとめた「実験用マウス及びラット授受における検査対象微生物等について」(http://www.kokudoukyou.org/pdf/kankoku/juju/juju_hyou1_121221.pdf) で minimum とされる項目に準じて，筆者らの施設で設定した基準を満たす集団とすべく，さらに清浄化を進める必要がある．筆者らは，A. sylvaticus がハムスター類とは異なり，マウスを代理母として出産直後の新生仔を離乳まで生育できることを確認しており，帝王切開術と組み合わせることで微生物的な清浄化を進め，研究資源としてのリスク低減に結びつけることが可能であると考えている．

　実験用マウスでは，自然交配による産仔作出法に加えてさまざまな生殖補助技術が確立しており，それらはコロニーの効率的な維持や系統の保存のみならず，遺伝子操作のための基本技術としても広く活用されている．これらのうち人工授精や体外受精，受精卵移植，配偶子凍結など基本的な技術を Apodemus 属へ転用することは，実験動物としての今後の展開を考えるうえでも意義があると考え，実験用の個体が安定的に確保できる A. sylvaticus を対象としてそれらの技術開発を進めている．たとえば，A. sylvaticus の成熟雌個体に，マウスと同程度の用量（3-5 IU/animal）の PMSG と hCG を連続投与することで，排卵の誘起が可能であり，排卵誘起個体を成熟雄と同居させて計画的に産仔が獲得できること（花田ほか，2011），ホルモン投与の間隔をマウスの条件より長い 54 時間とすることで，排卵率と排卵数がともに増加すること（豊島ほか，2013），などを報告している．一方で採取した卵子の体外授精や，採取胚の体外培養はともに困難であり，受精卵を偽妊娠させた仮親に移植して個体を獲得することも，現在では達成できていないなど，受精・発生系の確立は今後の課題である．筆者らはまた，体内で受精させた胚の凍結保存に関しても知見を集積しつつある．すなわち，受精卵の凍結を試みるにあたり重要な因子である凍結保護物質に対する胚の感受性は，マウス胚と比較して差がなく，マウス胚で用いられる保護物質の適用が可能である一方で，水および凍結保護物質の細胞膜透過性が，受精直後の 1 細胞期から胚盤胞期にかけてのどの発生段階においてもマウス胚と比較して低く，凍結のプロトコルに工夫が必要であることを示唆する知見を得ている（八木ほか，2013）．これらの結果をもとに，現在マウス胚の凍結で一般的に用い

られる EFS40 溶液（Kasai et al., 1990）を基本として，胚の凍結保存法を検討している．

　研究用資源としてのアカネズミ繁殖コロニーに可能性を感じる若い研究者が中心となって，2014 年度の日本哺乳類学会で企画シンポジウム「フィールドでの現象を実験室で検証する——アカとヒメの場合」が開催され，本種の実験動物としての基礎情報や発展性について議論が交わされた．そのなかの話題の 1 つとして，ダイオキシンや放射性物質などの環境評価の問題が取り上げられた．とくに 2011 年の東日本大震災に関連して発生した福島第一原子力発電所事故で放出された放射線および飛散した放射性物質の哺乳類への影響を評価する際に，指標となる普遍的な野生動物としてアカネズミが設定され，試料が捕獲されてきた．このとき問題となった対照群としての標準系統の欠如や，胎仔影響評価方法について，筆者らの実験室コロニーを用いた挑戦的な研究報告がなされた（石庭ほか，2015）．さらに基礎生物学的視点からも，環境応答性や社会構造の可塑性の客観的な検証例について具体的な取り組みが提示された．これらはそれぞれ，哺乳類研究への科学的アプローチの選択肢の 1 つとして，野生齧歯類由来の実験動物の新たな役割を示す内容であった．新規バイオリソースは研究者側の必要性を満たす，利用性の高いものでなければならない．リソースを開発する側にとっても，こういった情報の交換と共有の場を通じて実験室コロニーの利点や問題点を研究者との間で共有できたことは，*Apodemus* 属齧歯類の研究資源としての今後を考えるうえで重要なことであり，相互が密接に連携することで今後の「日本の齧歯類研究」もさらに進展できると期待している．

引用文献

阿部永（監修）．2008．日本の哺乳類　改訂 2 版．東海大学出版会，秦野．
花田千聖・八木千尋・井出麻佑子・坂本信介・篠原明男・高橋俊浩・森田哲夫・越本知大．2011．*Apodemus* 属齧歯類の過排卵誘起条件の検討．九州実験動物雑誌，27：53．
Hughes, D. J., A. Kipar, J. T. Sample and J. P. Stewart. 2010. Pathogenesis of a model gammaherpesvirus in a natural host. Journal of Virology, 84：3949-3961.
Hughes, D. J., G. H. Leeming, E. Bennett, D. Howarth, J. A. Cummerson, R. Pa-

poula-Pereira, B. F. Flanagan, J. T. Sample and J. P. Stewart. 2011. Chemokine binding protein M3 of murine gammaherpesvirus 68 modulates the host response to infection in a natural host. PLoS Pathogens, 7：e1001321.

Ishiniwa, H., K. Sogawa, K. Yasumoto and T. Sekijima. 2010. Polymorphisms and functional differences in aryl hydrocarbonreceptors (AhR) in Japanese field mice, *Apodemus speciosus*. Environmental Toxicology and Pharmacology, 29：280-289.

Ishiniwa, H., M. Sakai, S. Tohma, H. Matsuki, Y. Takahashi, H. Kajiwara and T. Sekijima. 2013. Dioxin pollution disrupts reproduction in male Japanese field mice. Ecotoxicology, 22：1335-1347.

石庭寛子・江藤毅・坂本信介・大沼学・久保田善久・越本知大．2015．フィールドでの現象を実験室で検証する――アカとヒメの場合．哺乳類科学，55：67-69.

Ito, K., M. Okayasu, C. Koshimoto, A. Shinohara, Y. Asada, K. Tsuchiya and K. Ito. 2007. Impairment of endothelium: dependent relaxation of aortas and pulmonary arteries from spontaneously hyperlipidemic mice (*Apodemus sylvaticus*). Vascular Pharmacology, 47：166-173.

兼松仁．1973．九州におけるアカネズミの繁殖活動時期．哺乳類科学，13：7-18.

環境省総合環境政策局．2008．平成19年度野生生物のダイオキシン類蓄積状況調査報告書．環境省総合環境政策局環境保健部環境安全課環境リスク評価室，東京．

Kasai, M., J. H. Komi, A. Takakamo, H. Tsudera, T. Sakurai and T. Machida. 1990. A simple method for mouse embryo cryopreservation in a low toxicity vitrification solution, without appreciable loss of viability. Journal of Reproduction and Fertility, 89：91-97.

近藤恭司．1983．野生動物，家畜の実験動物化 I　モロシーヌス（日本の野生ハツカネズミ）の実験動物化．（近藤恭司，監修：実験動物の遺伝的コントロール）pp. 108-124．ソフトサイエンス社，東京．

近藤憲久・阿部永．1978．エゾアカネズミの繁殖活動．北海道大學農學部邦文紀要，11：160-165.

Leemomg, G. H., A. Kipar, D. J. Hughes, L. Bingle, E. Bennett, N. A. Moyo, R. A. Tipp, A. L. Bigley, J. T. Sample and J. P. Stewart. 2015. Gammaherpesvirus infection modulates the temporal and spatial expression of SCGB1A1 (CCSP) and BPIFA1 (SPLUNC1) in the respiratory tract. Laboratory Investigation, 95：610-624.

宮尾嶽雄．1981．アカネズミ類・ヤチネズミ類の地理的変異．哺乳類科学，21：35-49.

宮尾嶽雄・両角徹郎・両角源美．1967．本州八ヶ岳のネズミおよび食虫類第7報　低山帯森林におけるアカネズミの繁殖行動．動物学雑誌，76：161-166.

村上興正．1974．アカネズミの成長と発育――繁殖期 I．日本生態学会誌，24：194-206.

Nakata, T., T. Saitoh and M. A. Iwasa. 2015. *Apodemus speciosus* (Temminck,

1844). In (Ohdachi, S. D., Y. Ishibashi, M. A. Iwasa, D. Fukui and T. Saito, eds.) The Wild Mammals of Japan 2nd ed. pp. 175-177. Shoukadoh, Kyoto.

名倉彩香・篠原明男・坂本信介・越本知大．2013．高コレステロール血症を自然発症するヨーロッパモリネズミに対するプラバスタチンの影響．九州実験動物雑誌，29：23-28．

Oh, H. S. and T. Mōri. 1998. Growth, development and reproduction in captive of the large Japanese field mouse, *Apodemus speciosus* (Rodentia, Muridae). Journal of the Faculty of Agriculture, Kyushu University, 43：397-408.

酒井悠輔・坂本信介・加藤悟郎・岩本直治郎・尾崎良介・江藤毅・篠原明男・森田哲夫・越本知大．2013．アカネズミ（*Apodemus specious*）の自然交配による繁殖を誘導できる飼育交配手法．哺乳類科学，53：57-65.

Sakamoto, S. H., T. Eto, Y. Okubo, A. Shinohara, T. Morita and C. Koshimoto. 2015. The effects of maternal presence on natal dispersal are seasonally flexible in an asocial rodent. Behavioral Ecology and Sociobiology, 69：1075-1084.

篠原明男・越本知大・中村豊・土屋公幸．2004．加齢および外因性脂質供給量が自然発症型高脂血症マウスの血中脂質に及ぼす影響．九州実験動物雑誌，20：21-26．

Shintaku, Y., M. Kageyama and M. Motokawa. 2010. Differential growth patterns in two seasonal cohorts of the large Japanese field mouse *Apodemus speciosus*. Journal of Mammalogy, 91：1168-1177.

鈴木茂忠・宮尾嶽雄・西沢寿晃・志田義治・高田靖司．1975．木曾駒ヶ岳の哺乳動物に関する研究第Ⅰ報　木曾駒ヶ岳東斜面における小哺乳類の分布．信州大学農学部紀要，12：61-91.

友澤森彦．2006．アカネズミの系統地理学．ANIMATE 特別号，1：33-36.

豊島梨沙・八木千尋・坂本信介・森田哲夫・篠原明男・越本知大．2013．ヨーロッパモリネズミ排卵誘起条件の再検討．九州実験動物雑誌，29：72.

土屋公幸．1974．アカネズミの話．遺伝，28：78-83.

土屋公幸．1979．アカネズミ類の飼育と実験動物化．北海道立衛生研究所所報，29：102-106.

Tsuchiya, K., R. Yamamoto, Y. Asada, H. Mihara, A. Sumiyoshi, K. Takasaki, H. Winking and K. Tsuji. 1992. *Apodemus* hyperlipidemic (AHL) mouse as an experimental animal of hyper-cholesterolemia. Japanese Journal of Pharmacology, 58 (Suppl. 2)：364.

Xiang, A. P., F. F. Mao, W. Q. Li, D. H. Park, B. F. MA, T. Wan, T. W. Vallender, E. J. Vallender, L. Zhang, J. Lee, J. A. Waters, X. M. Zhang, X. B. Yu, S. N. Li and B. T. Lahn. 2008. Extensive contribution of embryonic stem cells to the development of an evolutionarily divergent host. Human Molecular Genetics, 17：27-37.

八木千尋・北山みずほ・坂本信介・篠原明男・枝重圭祐・越本知大．2013．ヨーロッパモリネズミにおける卵子および2細胞期胚の水と耐凍剤の透過性．第

106回日本繁殖生物学会講演要旨集,59(Suppl.):121.

8
琉球列島のネズミ類
トゲネズミとケナガネズミ

城ヶ原貴通

　琉球列島は日本列島の南西部に位置し，亜熱帯海洋性気候帯に属す．また，生物地理学的にはトカラ海峡を境目として，北側は旧北区，南側は東洋区に属している．そのため，トカラ海峡以南の琉球列島は，本州などとは異なる独自の生物相をもつ．トカラ海峡以南に生息する在来齧歯類は，奄美大島，徳之島，沖縄島にトゲネズミ属（*Tokudaia*），ケナガネズミ（*Diplothrix legata*）が，尖閣諸島の魚釣島にセスジネズミ（*Apodemus agrarius*）が生息するのみである（図8.1）．本章では，このうちトゲネズミ属とケナガネズミについて最近の研究の進展に着目しながら紹介する．

8.1　トゲネズミ属

　トゲネズミ属とは，沖縄島，奄美大島，徳之島のみに生息する琉球列島に固有の属であり，針状化した体毛をもつ3種の小型のネズミから構成される．分子系統解析では，アカネズミ属（*Apodemus*）がトゲネズミ属にもっとも近縁であるとされている（Sato and Suzuki, 2004）．本属は，生息するそれぞれの島で種分化したと考えられており，沖縄島にはオキナワトゲネズミ（*T. muenninki*），奄美大島にはアマミトゲネズミ（*T. osimensis*），徳之島にはトクノシマトゲネズミ（*T. toknoshimensis*）が生息している（図8.1）．また，トゲネズミ属は，1972年に国の天然記念物に指定され，国際自然保護連合（IUCN）ならびに環境省のレッドリストにおいて，それぞれオキナワトゲネズミはCR（critically endangered），絶滅危惧IA類，アマミトゲネズミとトクノシマトゲネズミはEN（endangered），絶滅危惧IB類に指定

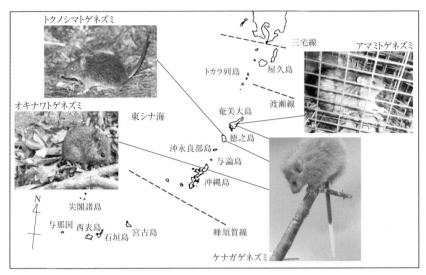

図 8.1 琉球列島とトゲネズミ属およびケナガネズミの分布（トクノシマトゲネズミ：故・中村正弘氏撮影，ケナガネズミ：長嶺隆氏撮影）．

されており（http://www.iucnredlist.org/；環境省 2014），いずれの種においてもその生息が危ぶまれている．

本属の分類学的変遷としては，1933 年に阿部（1933）により奄美大島産標本 4 個体を用いてクマネズミ属である *Rattus jerdoni* の一亜種 *R. j. osimensis* として記載されたのが始まりである．その後，Tokuda（1941）は頭骨や歯の特徴をもとに，トゲネズミに対して新属 *Acanthomys* を提唱した．しかし，黒田（1943）は，*Acanthomys* という属の名称がほかの分類群ですでに用いられていることからトゲネズミ類には使えないことを指摘し，代わりに *Tokudaia* の属名をトゲネズミに適用することを提唱した．その後，Johnson（1946）が沖縄島産のものは奄美大島産のものよりも大型であるとして，*T. osimensis muenninki* として報告した．徳之島にトゲネズミが生息することが確認されたのは，1977 年のことである．その後，染色体や分子遺伝学的手法により，3 島のトゲネズミの間の進化的な分岐は古く，別種であると議論されてきた（土屋ほか，1989）．これらの結果を受けて，Musser and Carleton（1993）では，奄美大島産と徳之島産を *T. osimensis*，沖縄島産を *T. muenninki* として独立種として扱うようになる．しかし，土

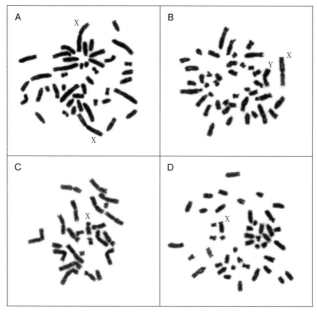

図 8.2 トゲネズミ属の染色体. A：オキナワトゲネズミ雌. B：オキナワトゲネズミ雄. C：アマミトゲネズミ. D：トクノシマトゲネズミ. X は X 染色体, Y は Y 染色体を示す. オキナワトゲネズミのみ雌は XX, 雄は XY を有する（撮影：黒岩麻里）.

屋ほか（1989）と Musser and Carleton（1993）の両論文においては, 徳之島産トゲネズミの形態学的識別は行われなかった. 徳之島産トゲネズミの独立種としての記載は, 2006 年に Endo and Tsuchiya（2006）によって行われた.

トゲネズミ属の染色体数は, オキナワトゲネズミは $2n=44$, アマミトゲネズミは $2n=25$, トクノシマトゲネズミは $2n=45$ である（土屋, 1981）. 特筆すべき点としては, 一般的な哺乳類の性染色体は, メスは XX, オスは XY をもつが, アマミトゲネズミとトクノシマトゲネズミは性染色体が雌雄ともに XO であり, 雌雄ともに X 染色体 1 本しかもたない（図 8.2）. そのうえ, 本来 Y 染色体上に存在し, 胚の雄性化に寄与する *SRY*（sex-determining region Y）遺伝子が常染色体への転座もみられずに欠失していることが明らかになっている（Kuroiwa *et al.*, 2011）. なお, アマミトゲネズミ

およびトクノシマトゲネズミの性決定メカニズムについては，いまだ明らかとなっていない．

オキナワトゲネズミにおいても，興味深い変異が生じている．先述のとおり，アマミトゲネズミとトクノシマトゲネズミではY染色体は消失しているが，オキナワトゲネズミについては，X染色体，Y染色体ともに大型化している．両染色体には常染色体の一部が転座し，ともに大型化しているうえ，Y染色体の一部領域に複数コピーが生じ，大型化を導いているのである（Murata *et al.*, 2010, 2012）．

同じトゲネズミ属内で，Y染色体をなくしたグループとXYともに大型化したグループが島嶼ごとにみられることは，性染色体の進化を考えるうえで，このうえなく興味深いネズミといえる．一方で，トゲネズミ属は国指定天然記念物であり，それぞれの島に分布する3種のトゲネズミはいずれも希少種に指定されており，生息数も限られる．そのため，多くのサンプルが得られないのが実状である．トクノシマトゲネズミの記載が遅れた要因も徳之島の生物相に興味をもつ研究者が少なかったことに加えて，生息数が少ないことも大きく関係している．

8.2 トゲネズミの生息情報

トゲネズミの生息状況については，それぞれの島によりかなり異なっている．そのため，以下では島ごとに説明する．一方で，外来哺乳類（マングース，ノネコ，ノイヌ）による脅威はすべての島において共通している．

(1) アマミトゲネズミの生息状況

アマミトゲネズミの生息状況については，環境省が実施しているマングース防除事業における混獲情報により島内全域的な情報が蓄積されてきた．

図8.3に環境省那覇自然環境事務所の報道発表資料（http://kyushu.env.go.jp/naha/press.html）にある各年度の奄美大島におけるマングース防除事業（実施結果）より2004年度から2012年度の間の捕獲努力量，マングース捕獲数，アマミトゲネズミ混獲数を抜粋したグラフを示す．捕獲努力量は年々増加しており，2009年度以降は1年間で200万罠日を突破している．

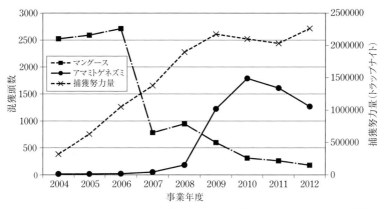

図 8.3 奄美大島マングース防除事業における捕獲努力量，マングース捕獲数，アマミトゲネズミ混獲数の年推移．各データについては，環境省那覇自然環境事務所の報道発表資料（http://kyushu.env.go.jp/naha/press.html）をまとめたものである．

捕獲努力量とは，設置罠数と解釈していただければ問題ない．つまり，200万罠日は，1個の罠を1晩設置したら1罠日と計算し，それが1年間で200万個実施されたということになる．実際は，土日祝日ならびに台風などで調査に出られない日があるため，野外作業ができる実働としては200-250日程度である．かりに250日とした場合，2012年度では226万2255罠日だったので，1日あたり9050個の罠を設置したことになる．なお，罠の設置は林道沿いなどに限らず，奄美大島内の林内にもルートが設定されており，島内全域のルートに沿って50 m間隔で罠を設置している．この図8.3をみると，年々罠の設置数は増加している一方で，マングースの捕獲個体数が減少していることが目につく．これは，マングースの捕獲努力を続けた結果，マングースの生息個体数が減少してきた結果である．一方，2009年より急上昇したのがアマミトゲネズミの混獲である．マングースの生息数が減った結果，アマミトゲネズミなどほかの希少種の個体数が回復してきたものと思われる．このマングース防除事業による副産物として，これまであまり知られていなかった奄美大島全域でのアマミトゲネズミの生息状況が明らかになってきた．

（2） オキナワトゲネズミ

　オキナワトゲネズミの生息状況については，直接的な生息に関する情報は非常に限られている．間接的な生息情報としては，ノネコなどによる捕食データが与那覇岳を中心として1970年代より報告されている．宮城（1976）は与那-安田林道および与那覇岳で採集した12個のネコの糞を分析したところ，9個（75%）の糞からオキナワトゲネズミの被毛などが検出されたと報告しているのをはじめ，同様の手法で，沖縄県教育委員会（1981）が与那覇岳頂上周辺で（出現頻度；80%, $n=20$），大島ほか（1997）が大国林道沿いで（12.5%, $n=56$），それぞれ糞からトゲネズミの痕跡を検出している．一方，河内・佐々木（2002）および城ヶ原ほか（2003）においても，大国林道沿いで採集したノネコ・ノイヌのいずれの糞からもオキナワトゲネズミは検出されていない．環境省ならびに沖縄県では，平成12（2000）年度よりマングース防除を行っており，平成17（2005）年度からは外来生物法にもとづく防除事業を実施している．本事業においても大国林道を含むやんばる地域全域において平成26（2014）年度では176万1816罠日（http://kyushu.env.go.jp/naha/pre_2014/0703a.html）という大規模な捕獲が実施されているにもかかわらず，大国林道沿いでオキナワトゲネズミは混獲されていない．基本的な捕獲手法については奄美大島と同様であり，罠は林道沿いに限らず林内のルートにも100 m間隔で設置されている．それにもかかわらず，オキナワトゲネズミの混獲がないということは，これら地域にオキナワトゲネズミがすでに生息していない可能性が高いことを示唆している．

　一方，本種の生息情報については，城ヶ原ほか（2003）が大国林道沿いとは別の地域で採取した，ネコの糞から検出されたのを最後に，まったく情報が途絶えていた．そのような状況のなか，2008年3月に捕獲によっては30年ぶり，間接的な情報としても5年ぶりにオキナワトゲネズミの生息が確認された（Yamada *et al.*, 2008）．以来，その捕獲地を中心として，捕獲調査，カメラ調査とともに，沖縄県・環境省によるマングース防除事業による混獲あるいは，住民からの死体拾得情報などにより，徐々に生息域が明らかになってきている．一時は絶滅したと思われたオキナワトゲネズミは，現在では沖縄島北部のやんばるとよばれる地域の4 km四方に生息していることが明

らかになっている（城ヶ原ほか，2013）．もちろん，とても狭い生息地であることは否めないため，保護対策が急務な状況である．

　奄美大島と沖縄島では，皮肉なことに，外来種の対策として実施してきた調査により，副次的にトゲネズミの生息情報が蓄積されてきている．トゲネズミをはじめとした希少種が回復していることは歓迎すべきことといえるだろう．

（3）　トクノシマトゲネズミ

　トクノシマトゲネズミの生息に関する情報は，非常に限られている．近年では，2005年に実施された生息状況調査において，島内数カ所にて6個体の捕獲記録が残されているが，2008年に実施した調査では1個体も捕獲できなかったとされている（渡邊，私信）．そこで，2011年より Jogahara et al.（未発表）により，捕獲，自動撮影カメラ，聞き取り調査が行われている．その結果，島の北側と南側に分断された森に本種がパッチ状に生息していることが明らかになってきた．しかし，その個体数はけっして多くなく，年による変動が大きいことが示唆されている．そのうえ，Jogahara et al.（未発表）によると，ノネコによる捕食の影響が大きく，現状のまま放置すれば10年以内に絶滅する可能性が高いとまで指摘されている．2015年4月14日にもノネコの咬傷により死亡したトクノシマトゲネズミの死体が報告されており（『南海日日新聞』2015.4.17朝刊），ノネコをはじめとした外来哺乳類による影響が危惧されている．2014年度より，環境省を主体として徳之島におけるノネコ対策が進められている．Jogahara et al.（未発表）によると，2015年以降の本種の目撃数が急増している．このことは，トクノシマトゲネズミの個体数変動の年変動が大きいこと，2012年9月に直撃した大型台風などによる森林への影響が回復傾向にあること，そして，2014年度に実施した森林内に生息するノネコの排除による効果があいまって複合的に正の効果をもたらした結果ではないかと考えられる．トクノシマトゲネズミの保全には，本種の生息地からのノネコの排除と本種の生息環境の維持が，最重要要素である．

8.3　トゲネズミの食性

　トゲネズミ属の食性に関する研究は非常に少なく，その実態がほとんど明らかになっていないのが実状である．Hayashi and Suzuki (1977) はアマミトゲネズミ 21 個体の胃内容物を調べたところ，アリとその蛹で占められていたと報告している．このほかに捕獲時の餌としてイタジイの実，ヒマワリの種を用いた際に，トゲネズミの捕獲に成功している．また，マングース防除事業に用いる魚肉ソーセージやスルメ，塩豚背脂でもトゲネズミは捕獲される．このことから，どの程度餌資源を選択しているかは不明であるが，雑食の傾向を示すことが示唆される．

8.4　ケナガネズミ

　ケナガネズミは，沖縄島，奄美大島，徳之島のみに生息する固有種である．本種は，日本に生息するネズミ科では最大種であり，長い毛をもつとともに，尾の先端部 5 分の 2 程度が白いのが特徴である（図 8.1）．分子系統解析によると，クマネズミ属（*Rattus*）に近縁であるとされている（Sato and Suzuki, 2004）．ケナガネズミは，1972 年に国の天然記念物に指定され，国際自然保護連合（IUCN）ならびに環境省のレッドリストにおいて，それぞれCR（critically endangered），絶滅危惧 IB 類に指定されている（http://www.iucnredlist.org/；環境省 2014）．

　本種の分類学的変遷としては，1906 年に Thomas (1906) が Alan Owston の採集した奄美大島産標本 1 個体を用いて新種 *Lenothrix legata* として発表した．その後，波江 (1909) は，沖縄島産標本を用いて新種 *Mus bowersii* var. *okinavensis*（和名オキナワキネズミ）を記載している．なお，Thomas の標本は英国自然史博物館に，波江元吉の標本は国立科学博物館（Motokawa *et al.*, 2015）にそれぞれ収蔵されている．Thomas (1906) は，ケナガネズミはスマトラ島に生息する *Lenothrix cana* に類似していると考えたが，側頭陵の間の脳函部が広いこと，頬骨板が前方に突出していること，臼歯の細部が異なり，地理的に離れていることから，新属 *Diplothrix* とした (Thomas, 1916)．その後，*Rattus* 属に含める見解，種小名の表記方法など

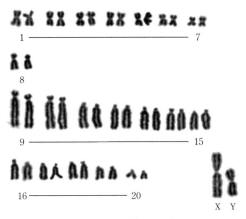

図 8.4　沖縄島産ケナガネズミの染色体.

いくつかの見解が出されたが（Ellerman, 1941；Ellerman and Morrison-Scott, 1951），金子（1994）では，*Diplothrix legata* として独立属の見解を支持している．

ケナガネズミの染色体数については，土屋（1981）において沖縄島および奄美大島のケナガネズミを用い，$2n = 42$ であると報告されている（図 8.4）．また，土屋（1981）は，本種の特徴として，性染色体は雌雄ともに異型対を有し，メスは大きなメタセントリック染色体の X_1 とそれより小さなサブメタセントリック染色体の X_2，雄は X_1 と大きなメタセントリック染色体の Y をもつと報告している．一方で，分析した個体数が少ないことから，雌に X_1 ホモあるいは X_2 ホモ，雄に X_2Y を有する個体がいるかは不明であるとしている（土屋，1981）．

8.5　ケナガネズミの生息情報

（1）　奄美大島産ケナガネズミの生息状況

奄美大島産ケナガネズミの生息状況については，アマミトゲネズミ同様に，環境省が実施しているマングース防除事業における混獲情報により島内全域的な情報が蓄積されている．図 8.5 に環境省那覇自然環境事務所の報道発表

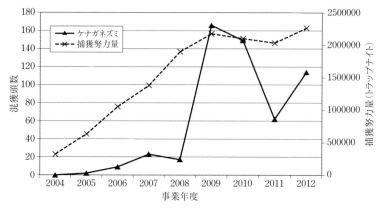

図 8.5 奄美大島マングース防除事業における捕獲努力量，ケナガネズミ混獲数の年推移．各データについては，環境省那覇自然環境事務所の報道発表資料（http://kyushu.env.go.jp/naha/press.html）をまとめたものである．

資料（http://kyushu.env.go.jp/naha/press.html）にある各年度の奄美大島におけるマングース防除事業（実施結果）より 2002 年度から 2012 年度の間の設置罠数，マングース捕獲数，ケナガネズミの混獲数を抜粋したグラフを示す．設置罠数などについてはトゲネズミのときと同様である．ケナガネズミの混獲数は平成 19（2007）年度ごろより増加傾向にあり，平成 21（2009）年度以降は年間 100 個体以上が混獲されている．混獲は，島の南部と北部の一部に限られており，とくに北部個体群については非常に個体数が少ない状況にある．しかし，現存の個体数や密度など詳細な情報については不明な点が多い．

（2）沖縄島産ケナガネズミの生息状況

沖縄島産ケナガネズミの生息状況の変遷については，沖縄県教育委員会（1981）において沖縄島北部の国頭村および東村全域と大宜味村の塩屋湾以北の地域における聞き取り調査を含め，記録が残されている．1980 年までは，北部地域（やんばる）に広く生息の記録が残されており，その目撃地点は林内がもっとも多く，ついで，林道，集落内，道路，耕作地で確認されていた．その後，本種の生息に関する詳細な情報は残されていないが，近年では沖縄県と環境省によるマングース防除事業における混獲ならびにセンサー

カメラ調査に加え，目撃情報が多数蓄積されている（嵩原ほか，2015）．この結果から，地域に偏りはあるものの，現在ではケナガネズミが北部地域に広く分布していることが明らかとなっている．しかし，現存の個体数や密度など詳細な情報については不明な点が多い．

（3） 徳之島産ケナガネズミの生息状況

徳之島産ケナガネズミの生息状況に関する情報は，まったくといってよいほど蓄積されていないのが実状である．そのため，生息状況を含めた現状把握が急がれる．とくに，徳之島においては，本種の目撃情報ですら非常に限られている．ケナガネズミは，マツ（*Pinus luchuensis*）の実を食べることが知られており，その食痕が特徴的である（図8.6）．類似の食痕をリス類なども残すことが知られているが，リス類は琉球列島には生息していない．クマネズミ（*Rattus rattus*）についても同様の食痕を残すため，この点は注意が必要であるが，簡易的な調査方法としては，マツの実の食痕調査が有効と考えられる．そのため，2015年8月より徳之島全島におけるマツの実の食痕による生息状況調査が開始された．

図8.6 ケナガネズミによるリュウキュウマツの食痕．

8.6 ケナガネズミの食性

ケナガネズミの食性に関する研究は，嵩原ほか（2015）によって詳細に報告されている．嵩原ほか（2015）によると，過去の報告も含め餌植物種は22科34種（暫定種1種含む；表8.1）であり，季節に応じて利用する餌植物種を変えることで，年間を通じて多種多様な植物種を利用していることが報告されている．基本的には，各植物種の果実を主要な餌資源としているが，なかには葉部の利用についても多数報告されている．また，ホソバイヌビワ（*Ficus ampelas*）については，葉部にキジラミ類の虫癭が多数ついており，葉と一緒に食すことで虫癭中のキジラミ類なども摂食していると報告されている．これら餌植物に加え，餌動物として多足類のアマビコヤスデ，環形動物のオオフトミミズの一種，軟体動物のヤンバルヤマナメクジ，昆虫類のコメツキムシの一種，両生類のシリケンイモリの轢死体（乾燥）の5種が確認されている．また，飼育下では，サツマイモ，豚肉，家畜用配合飼料，角砂糖，アイスクリームなども好んだと報告されており（沖縄県教育委員会，1981），このほかにもヒマワリの種やハンバーグ，フライドチキン，カマボコ，米飯，ゆで卵，てんぷらなどが与えられ，そのほとんどを食している（沖縄県教育委員会，1981）．このことから，ケナガネズミは雑食性であり，生息地に自生，生息するほとんどを餌資源として利用できることが推察できる．

8.7 琉球列島のネズミ類を取り巻く現状

琉球列島に生息するトゲネズミならびにケナガネズミは，いずれも琉球列島に固有の種である．ネズミ類を含めた琉球列島の生物相は，西表島を除いて食肉性哺乳類の生息しない環境下で独自に進化を遂げてきた．そのため，食肉性哺乳類に対する対捕食者戦略をもちえず，マングース，ノネコ，ノイヌをはじめとした外来種の捕食圧は，種の存続を脅かす存在となる．これらに加え，森林伐採，林道開発，畑地造成，ダム開発などによる生息地破壊は直接的な生息環境の減少を導く．そのうえ，これら開発は，人間の活動地域と生息地の接近を意味しており，民家周辺に生息する飼いネコ，ノネコ，飼

8.7 琉球列島のネズミ類を取り巻く現状

表 8.1. ケナガネズミの餌植物種（嵩原ほか，2015 より改変）．

和名	科名	学名	採食部位	採食時期（月）	文献
ヒカゲヘゴ	ヘゴ科	Sphaeropteris lepifera	小羽片	10	嵩原ほか (2015)
リュキュウマツ	マツ科	Pinus luchuensis	実	6-11	嵩原ほか (2015)
ヤマモモ	ヤマモモ科	Morella rubra	果実	5	嵩原ほか (2015)
イタジイ	ブナ科	Castanopsis sieboldii	果実	10-12	嵩原ほか (2015)
マテバシイ	ブナ科	Lithocarpus edulis	果実	5	久高ほか (2011)
ウラジロエノキ	ニレ科	Trema orientalis	果実	9-10	常田 (2001)
コウトウイヌビワ	クワ科	Ficus benguetensis	果実	4	嵩原ほか (2015)
イヌビワ	クワ科	Ficus erecta	果実	7	嵩原ほか (2015)
ヒメイタビ	クワ科	Ficus thunbergii	葉		久高ほか (2011)
ホソバムクイヌビワ	クワ科	Ficus ampelas	葉	7	嵩原ほか (2015)
ハマイヌビワ	クワ科	Ficus virgata	果実	6	嵩原ほか (2015)
ハドノキ	イラクサ科	Oreocnide pedunculata	果実	8	嵩原ほか (2015)
タブノキ	クスノキ科	Persea thunbergii	果実	5	嵩原ほか (2015)
ギンネム	マメ科	Leucaena leucocephala	葉	10	嵩原ほか (2015)
リュウキュウイチゴ	バラ科	Rubus grayanus	果実	4	久高ほか (2011)
ヒカンザクラ	バラ科	Prunus campanulata	果実	3	久高ほか (2011)
ハマセンダン	ミカン科	Euodia meliifolia	果実	12, 1	嵩原ほか (2015)
ゴンズイ	ミツバウツギ科	Euscaphis japonica	果実		久高ほか (2011)
カラスサンショウ	ミカン科	Zanthoxylom ailanthoides	果実	12, 1, 2	常田 (2001)
アカメガシワ	トウダイグサ科	Mallotus japonicus	果実・樹皮？	6-7, 1	嵩原ほか (2015)
カントンアブラギリ	トウダイグサ科	Vernica montana	果実	10	久高ほか (2011)
ハゼノキ	ウルシ科	Rhus succedanea	果実	8-10	湊 (1992)
ホルトノキ	ホルトノキ科	Elaeocarpus sylvestris	果実		久高ほか (2011)
ナシカズラ	マタタビ科	Actinidia rufa	果実	9-10	久高ほか (2011)
ノボタン	ノボタン科	Melastoma candidum	果実	7, 11	久高ほか (2011)
ヤブツバキ	ツバキ科	Camellia japonica	果実	12	久高ほか (2011)
イジュ	ツバキ科	Schima wallichii liukiuensis	果実（乾燥）	11	嵩原ほか (2015)
イイギリ	イイギリ科	Idesia polycarpa	果実	11	嵩原ほか (2015)
サツマイモ	ヒルガオ科	Ipomoea cairica	塊根		沖縄県教育委員会 (1981)
クチナシ	アカネ科	Gardenia jasminoides f. grandiflora	果実		久高ほか (2011)
シラタマカズラ	アカネ科	Psychotria serpens	葉		久高ほか (2011)
オオアブラガヤ	カヤツリグサ科	Scirpus ternatanus	果実	6	鳥飼 (2007)
クロガヤ	カヤツリグサ科	Gahnia tristis	果実	12	久高ほか (2011)
暫定種シマダロ	クワ科	Morus australi	樹皮	1	嵩原ほか (2015)

いイヌ，ノイヌが林道などを通じて林内にアクセスすることを容易とするなど，大きな被害を招く危険性をはらんでいる．オキナワトゲネズミの事例からも明らかなように，ノネコやマングースをはじめとした外来食肉性哺乳類は，琉球列島のネズミ類の個体数を減少させ，絶滅に追いやることも危惧される．沖縄島北部（やんばる），奄美大島，徳之島は，いずれも「奄美・琉球世界自然遺産」の登録候補地として2013年12月に選定され，2016年9月には推薦書の提出が予定されている．現在，徳之島や奄美大島では，イエネコの適正飼養条例が制定され，マイクロチップ挿入の義務化，室内飼育および管理の努力が謳われている．環境省や沖縄県によるマングース防除事業により，奄美大島ならびに沖縄島北部（やんばる）に生息するマングースの個体数は劇的に減少してきた．奄美大島にいたっては，全島根絶も視野に入ってきた段階である．トゲネズミ属・ケナガネズミを含めた琉球列島の在来種保全にとっての今後の課題としては，沖縄島全域からのマングースの根絶も当然であるが，ノネコ，ノイヌといった新規に人為的に導入される可能性の高い外来種の対策が急務である．そのためには，新たな外来種を増やすことがないような，法的枠組みもさることながら，地域住民への啓発・普及をはじめとした草の根的活動がよりいっそう重要になってくるであろう．

引用文献

阿部余四雄．1933．アマミトゲネズミに就いて．植物及動物，1：936-942．
Ellerman, J. R. 1941. The Families and Genera of Living Rodents. Vol. 2. Family Muridae. British Museum (Natural History), London.
Ellerman, J. R. and T. C. S. Morrison-Scott. 1951. Checklist of Palaearctic and Indian Mammals. British Museum (Natural History), London.
Endo, H. and K. Tsuchiya. 2006. A new species of Ryukyu spiny rat, *Tokudaia* (Muridae: Rodentia), from Tokunoshima Island, Kagoshima Prefecture, Japan. Mammal Study, 31：47-57.
Hayashi, Y. and H. Suzuki. 1977. Mammals. *In* (Sasa, M., H. Takahashi, R. Kano and H. Tanaka, eds.) Animals of Medical Importance in the Nansei Islands in Japan. pp. 9-28. Shinjuku Shobo, Tokyo.
城ヶ原貴通・小倉剛・佐々木健志・嵩原健二・川島由次．2003．沖縄島北部やんばる地域の林道と集落におけるネコ（*Felis catus*）の食性および在来種への影響．哺乳類科学，43：29-37．
Johnson, D. H. 1946. The spiny rats of the Ryu Kiu islands. Proceedings of the Biological Society of Washington, 59：169-172.

金子之史．1994．ねずみ類．(阿部永，監修：日本の哺乳類) pp. 107．東海大学出版会，東京．

環境省．2014．レッドデータブック2014　日本の絶滅の恐れのある野生生物1　哺乳類．ぎょうせい，東京．

河内紀浩・佐々木健志．2002．沖縄島北部森林域における移入食肉目（ジャワマングース・ノネコ・ノイヌ）の分布及び食性について．沖縄生物学会誌，40：41-50．

黒田長礼．1943．アマミトゲネズミ沖縄島に発見せらる．日本生物地理学会会報，13：59-64．

Kuroiwa, A., S. Handa, C. Nishiyama, E. Chiba, F. Yamada, S. Abe and Y. Matsuda. 2011. Additionall copies of *CBX2* in the genomes of males of mammals lacking *SRY*, the Amami spiny rat (*Tokudaia osimensis*) and the Tokunoshima spiny rat (*Tokudaia tokunoshimensis*). Chromosome Research, 19：635-644.

宮城進．1976．ノグチゲラ生息地における野生化ネコとオキナワトゲネズミ（予報）．沖縄県天然記念物シリーズ第5集　ノグチゲラ *Sapheopipo noguchii* (SEENOHM) 実態調査速報，2：38-42．

Motokawa, M., S. Shimoinaba, S.-i. Kawada and K. Aplin. 2015. Rediscovery of the Holotype of *Mus bowersii* var. *okinavensis* Namiye, 1909 (Mammalia, Rodentia, Muridae). Bulletin of the National Museum of Natural Science, Series A, 41：131-136.

Murata, C., F. Yamada, N. Kawauchi, Y. Matsuda and A. Kuroiwa. 2010. Multiple copies of *SRY* on the large Y chromosome of the Okinawa spiny rat, *Tokudaia muenninki*. Chromosome Research, 18：623-634.

Murata, C., F. Yamada, N. Kawauchi, Y. Matsuda and A. Kuroiwa. 2012. The Y chromosome of the Okinawa spiny rat, *Tokudaia muenninki*, was rescued through fusion with an autosome. Chromosome Research, 20：111-125.

Musser, G. G. and M. D. Carleton. 1993. Family Muridae. *In* (Wilson, D. E. and D.-A. M. Reeder, eds.) Mammal Species of the World: A Taxonomic and Geographic Reference 2nd ed. pp. 501-755. Smithonian Institution Press, Washington and London.

波江元吉．1909．沖縄及奄美大島の小獣類に就いて．動物学雑誌，21：452-457．

沖縄県教育委員会．1981．ケナガネズミの実態調査報告書．沖縄県天然記念物調査シリーズ第22集．沖縄県教育委員会，沖縄．

大島成生・金城道男・村山望・小原祐二・東本博之．1997．沖縄島北部における貴重動物と移入動物の生息状況及び移入動物による貴重動物への影響．日本野鳥の会やんばる支部，沖縄．

Sato, J. J. and H. Suzuki. 2004. Phylogenetic relationships and divergence times of the genus *Tokudaia* within Murinae (Muridae; Rodentia) inferred from the nucleotide sequences encoding the *Cytb* gene, RAG 1, and IRBP. Canadian Journal of Zoology, 82：1343-1351.

嵩原健二・村山望・城間恒宏・儀間朝治．2015．ケナガネズミ *Diplothrix legata*

(ネズミ目:ネズミ科:ケナガネズミ属)の食性について.沖縄生物学会誌,53:11-22.

Thomas, O. 1906. On a second species of *Lenothrix* from the Liu Kiu Island. Annals and Magazine of Natural History, Seris 7, 17:88-89.

Thomas, O. 1916. Scientific results from the Mammal Survey, No. XIII. A. On Muridae from Darjiling and the China Hills. Journal of the Bombay Natural History Society, 26:404-415.

Tokuda, M. 1941. A revised monograph of the Japanese and Manchou-Korean Muridae. Biogeographica, 4:1-155.

土屋公幸.1981.日本産ネズミ類の染色体変異.哺乳類科学,42:51-58.

土屋公幸・若菜茂晴・鈴木仁・服部正策・林良博.1989.トゲネズミの分類学的研究1 遺伝的分化.国立科学博物館専報,22:227-234.

Yamada, F., N. Kawauchi, K. Nakata, S. Abe, N. Kotaka, A. Takashima, C. Murata and A. Kuroiwa. 2008. Rediscovery after thirty years since the last capture of the critically endangered Okinawa spiny rat *Tokudaia muenninki* in the northern part of Okinawa Island. Mammal Study, 35:243-255.

III
ヒトとネズミ

9

ハツカネズミの歴史
その起源と日本列島への渡来

鈴木 仁

　系統地理学という学問が教えるところによれば，そもそも，地球上のすべての生物は自然発生的に太古の昔から現在の場所に存在していたのではなく，長い進化的時間のなかで地球上の表面を移動して現在の場所にたどり着いた結果として存在している（Avise, 2000）．日本列島においても，動植物はもちろんのこと，人類も10万-7万年前にアフリカを出た祖先たちが，ユーラシアの東端にたどり着き，今日までの長い年月のなかでさまざまな地域から移入し，現在の日本人が構成されている．そのようななか，ぜひとも注目したいのは，田園地帯を中心に生息している野生のハツカネズミの日本列島への移入の歴史である．なぜなら，先史時代に農業技術をもって列島に移住した祖先たちの足跡をたどることにもつながるからである．遺伝子やゲノムに記された遺伝的変異をよりどころとし，生物の地表の移動を明らかにしていく系統地理学的解析によって得られたこれまでの知見を整理して，ハツカネズミの歴史を再構築してみたい．一方で，ハツカネズミは，現代において，航空機や船舶によって，世界のあらゆる地域から日常的に移入されている状況も容易に想像される．歴史的な移入なのか現代の"無賃乗車的"移入なのかを明瞭に区別する手だても必要であり，それを判別する手だてについても紹介したい．

9.1　ハツカネズミ属の多様化の起源

　さて，そもそもハツカネズミ（*Mus musculus*）とはどのような種であろうか．親系統のハツカネズミ属（*Mus*）の仲間がどのような経緯でハツカネ

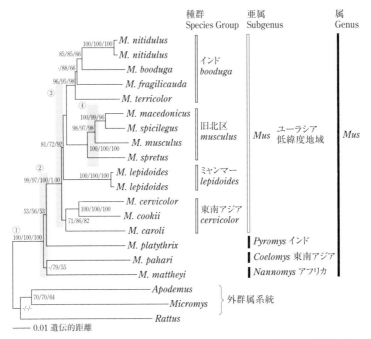

図 9.1 複数遺伝子の塩基配列変異にもとづくハツカネズミ属の種間の系統関係．各ノードの信頼度はブートストラップ値で記した．詳細は Shimada et al. (2010) を参照．①-④の歴史的時空間動態は図 9.2 を参照．

ズミという種を生み出すにいたったのだろうか．それを理解するためにも，まずはハツカネズミ属の種の多様化の歴史をみてみよう．

　ハツカネズミ属はラット類とともに，ネズミ亜科の主要構成員で，アジア起源とされている．現生のハツカネズミ属総計 40 種のうち半数はアフリカに生息し，残り半数はユーラシアに分布する．これまでの分子系統学的解析結果にもとづくと，ハツカネズミ属の祖先系統からハツカネズミが派生するまでの多様化の歴史は以下のように想定される（図 9.1；Suzuki and Aplin, 2012）．

1) 約 1200 万年前——ハツカネズミ属の祖先系統は東南アジアにおいてラット類などのほかのネズミ亜科の属系統から分岐した（図 9.2①）．
2) 約 500 万年前——4 つの亜属系統がほぼ同時期に分岐し，ユーラシア

9.1 ハツカネズミ属の多様化の起源

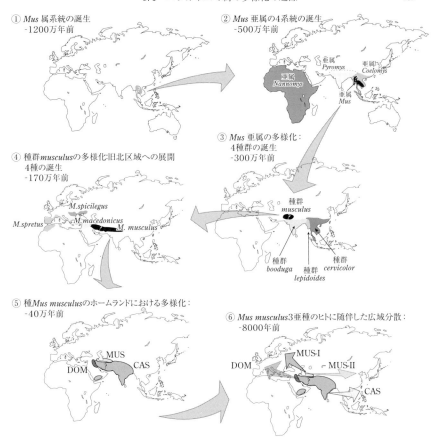

図 9.2　分子系統情報にもとづいて想定されたハツカネズミ属の時空間的系統分化．①ハツカネズミ属系統の誕生，②4つの亜属への系統分化，③ハツカネズミ（Mus）亜属の4つの種群への分化，④musculus種群の旧北区への展開と4つの種への分化，⑤種ハツカネズミ Mus musculus のホームランドにおける亜種分化，⑥3つの主要亜種 Mus musculus castaneus（CAS），M. m. domesticus（DOM），M. m. musculus（MUS）のヒトに随伴したユーラシア大陸への広域分散.

のアジア南東域（東南アジア・インド）およびアフリカに広く展開した（図9.2②）．

3）約300万年前——ハツカネズミ（Mus）亜属がユーラシア亜熱帯域において，4つの種群（species group）に分岐し，それぞれの地域で種の多様化（図9.2③）．4種群とは，旧北区の温帯域にも分布する「muscu-

lus 種群」，インドの「*booduga* 種群」，東南アジアの「*cervicolor* 種群」，そしてミャンマーの「*lepidoides* 種群」である．

4) 約 170 万年前――*musculus* 種群の祖先系統はヨーロッパ温帯域まで一気に分布を拡大し，その後，4 つの種へと種分化（図 9.2④）．すなわち，ハツカネズミ *M. musculus*, *M. spretus*, *M. macedonicus* および *M. spicilegus* が誕生した．

5) 約 40 万年前――ハツカネズミの祖先系統がネパール，アラビア半島南部，インド亜大陸南部まで分布拡大（図 9.2⑤；Suzuki *et al.*, 2013; Kodama *et al.*, 2015）．

6) 約 8000 年前――3 つの主要亜種のそれぞれにおいて先史時代に農耕文明の展開とともに人類に随伴してユーラシア広域に分布拡大（図 9.2⑥）．

上記の種分化のなかで興味深いのはミャンマーという空間の役割である．ミャンマーには *M. lepidoides* に加え，*M. nitidulus* という固有種も存在し（Shimada *et al.*, 2010），インド亜大陸およびほかの東南アジア地域とともにミャンマーがユーラシア亜熱帯域のなかで種の多様化において重要な拠点の 1 つになっているということが理解できる．

さらに，ここで留意したいのはハツカネズミを除くと，*musculus* 種群の残り 3 種は現在接所的に分布していることである．したがって，ハツカネズミの祖先系統もかつてはこれら近縁種と接所的に分布していたと思われる．ハツカネズミのそもそもの初期の自然分布域は必然的に近縁種が分布していない地域であると考えることができる．くわえて，ほかの種群が分布している地域（インドおよび東南アジア）にもハツカネズミは分布できなかったと考えると，ハツカネズミのおよそのホームランドはイラク，イラン，アフガニスタン，パキスタン，北インド地域であると推測することが可能である（図 9.2④）．

9.2　ハツカネズミのホームランドにおける遺伝的分化

つぎに，ハツカネズミの進化過程の特性を紹介したい．まずは，解析が進

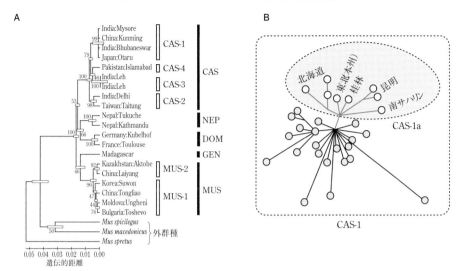

図 9.3 A：ミトコンドリア cytochrome *b* 遺伝子の塩基配列変異にもとづくハツカネズミの亜種および地域系統群の系統関係．現在認知されている主要系統は，*M. m. castaneus*（CAS），*M. m. domesticus*（DOM），*M. m. musculus*（MUS），*M. m. gentilulus*（GEN），およびネパール系統（NEP）の5系統である．CAS は4つの亜系統をもち，そのうちCAS-1 はアジア域において先史時代のヒトの移動に随伴して分布域を拡大した亜系統．B：ミトコンドリア cytochrome *b* 遺伝子の塩基配列変異にもとづく CAS-1 クラスターのネットワーク図．CAS-1 はインド，東南アジア，南中国などに広く分布し，一斉放散の様相を呈する．サブクラスター CAS-1a は南中国，東北，北海道，南サハリンのハプロタイプを含む．

んでいるミトコンドリア DNA（mtDNA）の解析結果をみてみよう（図9.3; Suzuki *et al.*, 2013）．ハツカネズミの種内には40万年前ごろに分岐したとされる地域性を示す5つの mtDNA の系統が存在する（図9.3）．一般的によく知られている3つの主要な亜種系統，*Mus musculus castaneus*（CAS），*M. m. domesticus*（DOM），*M. m. musculus*（MUS）に加え，アラビア半島固有の亜種 *M. m. gentilulus*（GEN），そしてネパールに固有の系統（NEP；亜種名は不特定）が存在する．これらの mtDNA の古系統の地理的分布を考慮すると，アラビア半島からネパールまで広い地域に自然分布していたものと推察される（図9.2④，図9.4）．先述の種間の系統関係の解析から想定されたハツカネズミのホームランドの分布域とも合致する．

一方，核遺伝子を用いた種内分化に関する調査においては，mtDNA とは

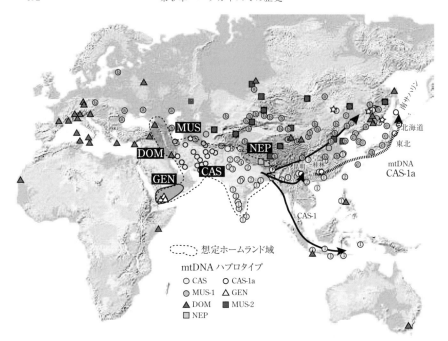

図 9.4 ミトコンドリア cytochrome b 遺伝子のハプロタイプの亜種判別にもとづく地理的分布. インドを起点とする太線矢印は CAS-1 の分散の方向を示す. 点線矢印は南中国を起点とする CAS-1a の分散の方向を示す. とくに留意したいのは, この CAS-1 の分散は北中国およびロシア沿海州までおよんだことである (星印☆).

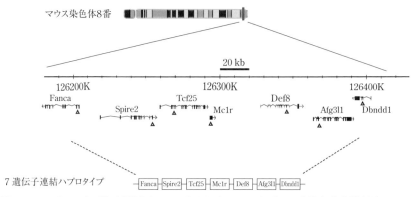

図 9.5 ハプロタイプ構造解析用にセットされたハツカネズミ 8 番染色体末端領域の 7 つの遺伝子.

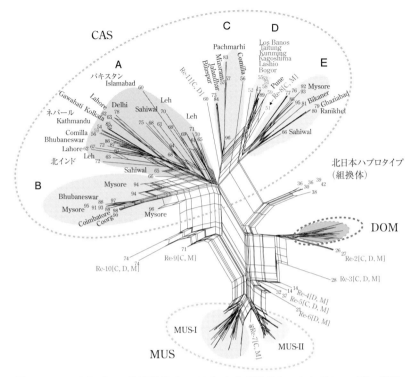

図 9.6 ハツカネズミの連結配列（$N=196$）および近縁なアウトグループ種の配列を用いたネットワーク図（Kodama et al., 2015）．ハツカネズミのネットワークパターンを拡大して示した図において，3つの亜種グループのクラスターと，CASのクラスター内に5つのサブグループ（A-E）が認められる．

少し異なる状況把握ができる．ユーラシア産の100個体について，第8番染色体末端付近の200 kb領域の7個の遺伝子に対し，小断片（500 bp）の塩基配列の解析を行った（図9.5）．7つの遺伝子の配列を連結し，ネットワーク図を描くと，グルーピングとしては，CAS，DOMおよびMUSの主要3亜種のみが認められ，CASは5つの地域性を示すサブグループの存在が示唆された（図9.6A-E；Kodama et al., 2015）．ネパールのハプロタイプは，北インドやパキスタンのCASハプロタイプと近縁であり（CAS-A），アラビア半島産ハツカネズミについては核遺伝子のデータはないものの，アラビア半島から移入したとされるマダガスカル産ハツカネズミの核遺伝子の解析

からはCASと類縁性があることが示唆されている．図9.6に示す3系統の分岐は古く，ハツカネズミの主要3亜種の地域系統群の遺伝的分化は，mtDNAが示唆するよりも相当古い時代（170万年前）に始まっていたようだ．このことは，これまでのほかの核遺伝子の研究から示唆されていたことを支持する結果となった（Suzuki *et al.*, 2004；Nunome *et al.*, 2010）．

核遺伝子とmtDNAの比較で明らかとなった分岐時間の不一致性は，遺伝子移入の存在を想定すれば簡単に説明ができる．すなわち，170万年前に分岐した3亜種系統間において，40万年前ごろにmtDNAの遺伝子移入が起き，ホームランド全域で1つのタイプのmtDNAで置き換わってしまったと考えることは可能である．亜種間の遺伝子移入は核ゲノムにおいてその存在が報告されている（Kodama *et al.*, 2015）．以上のことから，ハツカネズミは遺伝的分化の長い歴史をもち，なおかつ地域集団間での遺伝的交流を随時行い，いわゆる「網状進化」という過程を経るなかで，今日認められるモザイク状のゲノム構造が構築されるにいたったと理解することができる．

ホームランドにおける3つの主要亜種グループの空間構造をみてみると，その境界線は主要な山脈上にあることがわかる．イラク西部のザグロス山脈がDOMとCASを東西に分割し，カスピ海南部とイラン北部を分けるアルボルズ山脈およびアフガニスタン北部のヒンドゥークシュ山脈がCASとMUSを南北に分断する．これらのことから，地形的な要因によって亜種間の遺伝的分化が促されてきたことが推測される．CASは広大な地域にホームランドが存在し，一方，DOMおよびMUSは明瞭にホームランドを特定できないが，DOMはイラク西部域に，そしてMUSはカスピ海南部沿岸域の比較的狭い地域にそれぞれ存在したものと推察される（図9.4）．

9.3　南方系統は列島経由でサハリンまで

では，いよいよ人類が進化史的にアフリカを出発し，ユーラシアに進出した際に，いかにハツカネズミをユーラシア全体に分布を拡散させ，さらには日本列島への分布にもいたらしめたかという本題に入りたい．

人類は進化史上，数万年前までにオセアニア，そして南アメリカ大陸の南端まで到達しているが，ハツカネズミはそのような古い時代の移動に随伴し

た形跡は遺伝子解析のデータからはみつかっていない．米川博通らは，日本列島の野生ハツカネズミの mtDNA の変異の解析を行い，CAS および MUS の 2 つの系統が存在することを明らかにし，それは縄文時代および弥生時代にそれぞれ移入したものであることを示唆した（Yonekawa *et al*., 1988）．ヒトに随伴する際には，ヒトが作出した農産物の存在が鍵となることを示唆していると思われる．

　話は少しそれるが，興味深いことの 1 つは，そもそも，なぜハツカネズミという種は世界中に分布拡大を成し遂げるような種になれたのかという点である．草原適応しているハツカネズミ亜属の一般の種の生活スタイルは地中に巣穴をつくり，そこで乾燥や天敵（ヘビ類）から身を守っていることである（図 9.7A）．小型化の方向に進化したことで生態学的なメリットを得ていることも特性の 1 つである．一方，ハツカネズミは少し大型化しており，巣づくりも倒木の隙間などを活用するなど，ほかの近縁種と比較すると巣づくりにおいて特有のスタイルをもっており，状況に合わせて臨機応変に巣づくりを行っている（図 9.7B）．人類がハツカネズミの自然分布域に登場し，農業を開始したことで，ハツカネズミにとって有効活用できる生活空間が創出されたのであろう．この新規の生活環境を活用できる行動様式の柔軟性が，人類に随伴して世界制覇を成し遂げた主要因の 1 つである可能性はあると思われる．

　ここで，本題に進む前に，系統解析用のマーカーとして用いた mtDNA の特性について述べたい．mtDNA を含め，遺伝子は一般的に，突然変異によって時間とともに塩基置換が生じるため，塩基配列を比較し，塩基置換数を数えることで，2 つの配列の分岐時間を推定することが可能である．mtDNA は核遺伝子に比べ，その塩基置換速度が 10 倍程度速く，近年の進化的事象に対して時空間的把握をするうえで好都合である．ただ，分岐時間の短い塩基配列の場合には古い分岐の場合に比べ，高い進化速度をあてがう必要があるとされている（Ho and Larson, 2006）．このような複雑な状況ではあるが，mtDNA の塩基配列の比較によって作成した系統樹およびネットワーク図から得られる情報は多い．そして特筆したいのは，ある特定の集団に注目し，mtDNA の集団内塩基配列の比較を行うと，その集団が経験した進化的動態を把握することも可能となることである．ここで注目したい現象

Mus nitidulus(ミャンマー産)

Mus musculus(ミャンマー産)

図 9.7 ハツカネズミ属にみられる2つの特異的生息地. 草原の土中に巣づくりをするタイプ (A) と間隙空間を有する構造物を巣づくりに利用するタイプ (B). 矢印はS型シャーマントラップ（長さ 16 cm）と巣の入口の穴.

は「一斉放散」である．これは，集団がボトルネックを起こした後，一転して短期間に個体数が増大する現象である．たとえば，氷期によって集団サイズが縮小し，その後の温暖化で集団サイズが急激に増加する場合がその代表的事例である．また，ほかの地域に少数の個体が移動し，その後，新たな分布域で急激に集団サイズを増大させる場合も事例の1つとしてあげることができる．北海道のアカネズミおよびヒメネズミという森林性のネズミ類の例をみてみると，これらの温帯由来の系統においては，第四紀の気候変動に集団サイズが顕著に応答しているようである．この一斉放散が，10万年周期の氷期とその後の温暖期の影響によっていると仮定すると，mtDNA の進化速度を求めることが可能となる（Suzuki *et al*., 2015b）．すなわち，集団拡大

指標値として知られるτ（tau）の値は，1万年ほど前に生じた一斉放散の場合，Cytb（1140 bp）において2.7 程度であった．この値からCytbの進化速度は10-20% 程度と推察された（Suzuki et al., 2015b）．ちなみに10万年前よりも古い配列の比較の際は，進化速度は3% 程度であることも示唆された（Suzuki et al., 2015b）．

さて，アジア南東域を中心に分布するハツカネズミのCASの動態の話題に戻る．広域拡散によって分布拡大したと思われる地域より収集されたmtDNAのCytbの塩基配列（ここでハプロタイプとよぶ）の解析により，CASの広域拡散イベントは，2回の「一斉放散」によって特徴づけられることが判明した（Suzuki et al., 2013）．第一次一斉放散に関与したハプロタイプの集まり（クラスター）をCAS-1と称すると，このクラスターの分布域は南・北東インド，バングラデッシュ，ミャンマー，インドネシア，中国南部に加え，予想外なことに，東北中国およびロシア沿海州までおよぶことがわかった（図9.3B, 図9.4 星印）．集団拡大指標値τは1.7 であり，Cytbの進化速度を10-20% とすると第一次一斉放散が始まったのは7600-3800 年前であると推定される．この時期はアジアにおける農業技術の展開とも関連しており（Khush, 1997），その影響はロシア沿海州にもおよんだことが判明した．一方で，この時期に日本列島にハツカネズミが分布を拡大した証拠は，mtDNAの解析結果のなかからは得られていない．

mtDNAの解析結果において注目すべきは，mtDNAクラスターのCAS-1は，地域性を示すサブクラスターCAS-1aを内包することである（図9.3B）．このCAS-1aは興味深いことに北部北海道，東北地方（本州北部）を含め，中国南部（桂林・昆明で代表される）およびサハリン南部からのハプロタイプを包含する（図9.4 白丸印）．これにより，mtDNAにおいては南中国から日本列島にハツカネズミの移入があり，さらに南サハリンまで移入が起きたことが明瞭に示された．この「第二次一斉放散」が生じた時期はCytb 配列の比較にもとづく変異量の割合から，3800-1900 年前と思われる．これは，稲作がその時代に，長江に沿って発展したことと関連があるかもしれない．最近の大規模なゲノムの調査では，中国南部の珠江（Pearl River）は栽培イネの開発の舞台であった可能性が高いことが示されている（Huang et al., 2012）．日本列島への人類とハツカネズミの移入がアジアにおける農耕文明

の発展および南中国におけるイネ栽培システムの展開といった事象とどのような関連があったかについては，今後の重要な検討事項となっている．

ともあれ，mtDNAのサブクラスターCAS-1aは，前述のように日本列島を通過しサハリン南部まで到達している．興味深いのは，東北，北海道，南サハリンで，それぞれ地域固有のハプロタイプグループを形成していることである．このことは，これらの地域へのCASハツカネズミの移入は，現代的な移入ではなく，先史時代に日本列島に移入してきたという考えが正しいことを強く裏づける結果となっている．

一方，前述の核遺伝子の解析において，日本列島のCASタイプに関連して大きな謎がみつかった（Nunome et al., 2010）．すなわちインドネシア，フィリピン，南中国など二次的拡散した地域からのハプロタイプはどれも均質な配列を共有し，ネットワーク図においてたがいに集約されるが（CASサブグループD；図9.6），北日本のCASのハプロタイプは例外であり，固有の配列をもつ．これまで調査したパキスタン，インドのホームランドからも，北日本固有のハプロタイプ配列はいまのところみつかっていない．では，北日本で散見されるこのユニークなCAS配列はどこからやってきたのであろうか．すでに述べたように，北日本のCAS型mtDNAは南中国から渡来したと考えざるをえない状況である．したがって，日本列島のCAS系統は南中国由来のものと，それとは異なるどこか別の地域由来（たとえばインド亜大陸の未調査地域）の2つの渡来により成り立っている可能性があると考えるのが節約的であると思われる．このように，日本列島におけるCASの進化的プロセスの理解は，そのソースエリアの特定も含めていまだ不十分であるといわざるをえない現状ではあるが，その一方で今後の研究の進展具合では，日本の農耕史に絡む興味深い知見の取得も可能であり，その期待は大いに高まっている状況である．

9.4　北方系MUSの先史時代の広域分散の歴史

さて，北方からのMUSのヒトに随伴した先史時代の移動についてはどうであろうか．亜種グループMUSは現在，前述のように，東ヨーロッパ，中央アジア（ウズベキスタン，カザフスタン），シベリア，中国北部，韓国，

そして日本列島まで，北部ユーラシアの広域に分布するが，生態，形態，核型（染色体バンドパターン），アロザイム，核遺伝子配列変異の解析にもとづくと，どうやら2つのグループに分けられるようである（Suzuki et al., 2015a）．以下に，そのあらましを紹介したい．

細胞遺伝学的研究において，MUS には染色体 C-バンドのパターンに2つのグループが存在することが示されている．CAS と DOM 亜種グループは，X 染色体を含む20対の全染色体に中型のヘテロクロマチンのブロックを有する．東ヨーロッパの MUS は，CAS と DOM でみられるのと同様の C-バンドパターンを示すが，東アジアの MUS は常染色体と X 染色体の半分以上が C-バンド陰性である．したがって，この核型の変異にもとづくと，MUS のなかに2つの独立の系統群が存在すると考えることが可能である．

また，Nunome et al.（2010）は核遺伝子の解析により，緯度的に異なる地域に分化した2つのグループが MUS に存在することを示した．高緯度グループを MUS-I，低緯度グループを MUS-II と称した（図 9.6）．さらに，数千におよぶ核遺伝子の SNP 情報にもとづいた地理的変異の解析においても，MUS のアジア集団には，南北の地理的構造があることが確認されている（図 9.8; Usuda, 2010）．

さらに，北ユーラシアに展開する MUS は形態学的に2つの異なる亜種グループとして伝統的に分類されてきた．すなわち，ヨーロッパ域は *musculus*，そしてアジア域は *wagneri* という異なる亜種として認知されていた（Marshall, 1998）．前述の核遺伝子にもとづくグループと照合すると，前者は MUS-I，後者は MUS-II に相当する．再度地理的分布を整理すると，*musculus* グループ（MUS-I）は東ヨーロッパ，シベリア，沿海州，サハリンに分布し，*wagneri* グループ（MUS-II）はウズベキスタン，中国，韓国，日本に分布する（図 9.8）．したがって，MUS には異なる遺伝的要素をもつ2つの系統が存在し，それぞれ異なる空間に広域分散を成し遂げたものと推察することができる．核遺伝子の解析から，一部の遺伝子は両者で異なっているが，ほかの遺伝子は両者で類似のものを共有しているという事実もあるので（Nunome et al., 2010），ホームランドにおいて2つの拠点があったが，随時遺伝的交流を行い，一部の遺伝子においては共有化が図られたものと推察できる．

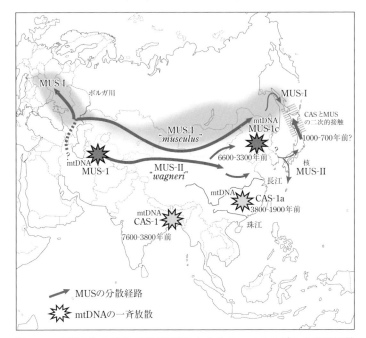

図 9.8 人類の先史時代の東方移動にともなうハツカネズミの広域拡散の概要．亜種グループ MUS には 2 つの亜系統の存在が示唆されており，分子系統学的に高緯度および低緯度の系統は MUS-I, MUS-II と称され，これらは形態学的に *Mus musculus musculus*, *M. m. wagneri* とよばれてきたものに該当すると思われる．mtDNA の亜種グループ CAS および MUS の一斉放散現象の場所と推定年代を記した．日本列島北部において想定されている CAS と MUS との二次的接触の推定年代も記した（Nunome *et al.*, 2010）．ミトコンドリア DNA の解析から想定されている一斉放散現象について，その推定年代も記した（Suzuki *et al.*, 2013）．

　mtDNA の多様化パターンをみると，同様の傾向をみることができる．すなわち，mtDNA には 2 つの主要系統（MUS-1, MUS-2）が存在し，塩基置換度からこの分岐は 10 万年以上前と計算され，人類が移入してくる以前にすでに系統分化していたものと推察される（図 9.3A）．一方，両者のグループにおいては地理的分布には明瞭な傾向は認められない（図 9.4）．したがって，広域拡散前に両者間の遺伝子移入で両グループの混合が生じたとすれば，現在の分布パターンは説明がつきそうである（Suzuki *et al.*, 2015a）．MUS-1 は数万年前に一斉放散を起こしており，これが，広域拡散によって

生じたのか，ホームランドにおいて拡散前に派生していた現象なのかは，現在のところ不明であり，その解明に向けた今後の研究の進展を期待したい．

　以上のように，節約的に考えると，MUSには広域拡散の2つの拠点（ソースエリア）があり，両者は進化的な時間のなかで遺伝的に分化していたが，時としてmtDNAを含む一部の遺伝子において遺伝子浸透があったと考えるのが妥当であろう．おそらく，MUSはカスピ海南部沿岸域より，東ヨーロッパと東方アジア域へ向かう東西の2つの拡散があり，ソースエリアに含まれる遺伝的多様性が維持される状況で展開したものと思われる（図9.8）．多数回の拡散があったか，あるいは十分な量の個体数の移動を支持する太い拡散ルートが長い時間維持されていたのではないかと推察されるが，いずれにしてもmtDNA CAS-1が示したような単純な一斉放散により，現在の多様性が構築されたわけではなさそうである．

　MUSのmtDNAの変異に関連し，最近の知見のなかでもっとも興味深いものは，MUS-1派生系統の一斉放散が朝鮮半島周辺地域で起きていることが判明したことである．前述の進化速度をあてがうと，この朝鮮半島を拠点とするグループ（MUS-1c）の一斉放散は6600-3300年前に生じたと推測される．つまり，隣接する中国北部のMUS分布域の集団とは一線を画し，朝鮮半島を含む近隣地域のみで急激な集団の拡大イベントを経験していることがハツカネズミのmtDNAのデータのなかに確認できたのである．このことより，その時期に朝鮮半島を含む近隣地域での農業や人口増加をともなう革新的事象が起きていたことが推察されるが，具体的な考古学的知見との関連性は明らかになっていない．

　一方，この朝鮮半島がソースエリアとなって日本列島にMUS系統のハツカネズミが渡来したことは，日本列島のmtDNAの多様性のレベルが大陸のものに比較し低レベルであることからもうかがい知ることができる．ただ朝鮮半島から日本列島への移入の時期の特定にはいたっていない．今後の研究において，日本列島への農業技術の導入などの人類の歴史的なイベントと関連させ，MUS系統の日本への渡来の詳細を解明していく必要がある．

9.5　日本列島における2つの系統の交わり

　一般的に生物種のゲノムは，異なる地域に移動し定着した系統が後にふたたび出会うことによって複雑な構造が生み出されている．二次的接触（secondary contact）とよばれている現象である．また浸透交雑は，人為的に移入された外来の生物種が在来種と交雑する場合にも生じる．この現象は一般に遺伝子汚染（genetic contamination）と称されている．このように二次的接触によって生じる遺伝子移入（genetic introgression）や浸透交雑（introgressive hybridization）の実態把握が進化学および保全生物学上重要である（桑山ほか，2012）．その際に便利で効果的なツールが前述の「集団ハプロタイプ構造解析法」(Nunome et al., 2010；桑山ほか，2012；Kodama et al., 2015）である．

　ハツカネズミにおいて，日本列島はまさに2つの系統が混合する二次的接触の舞台となっている．図9.5に示したように，ハツカネズミの染色体領域（8番染色体末端付近）に着目し，200 kb内に8個のマーカーを10-20 kb間隔で設置し，ハプロタイプ構造解析を行った（Nunome et al., 2010；Kodama et al., 2015）．2つの親集団と日本列島のハプロタイプ構造を吟味し，組換え型ハプロタイプを特定することで浸透交雑が起きているかどうか判別できる（Nunome et al., 2010；桑山ほか，2012）．解析の結果，日本列島にはMUS系統は主要素として存在し，CAS系統は低頻度で存在していたことが判明した．北海道および東北には，MUS型とCAS型の組換え体も少数ながら観察された．これまでの系統地理学的解析から，日本列島のハツカネズミは，まず南方系のCASが移入し，その後，朝鮮半島経由で「北方系」とよばれるMUSが移入して全国に展開し，一次移入者のCAS型は北海道や東北に残されたとする考えが示唆されてきた（Yonekawa et al., 2012）．今回の結果はその考えを支持するものであるが，浸透交雑の状況は，後続ではあるが圧倒的な集団サイズのMUSハツカネズミのゲノムのなかに，集団サイズでは劣るCAS由来の遺伝子がバッククロスされたものであったと推察できる．

　浸透交雑によって残されているCASのゲノム断片は，平均200 kbほどであった．このことから，浸透交雑が起きた時期は，いまから1000-700年前

と推察することが可能であった（図9.8）．北海道および東北地方でどのような要因で二次的接触が起きたのかについては，今後の課題である．

9.6　現代における外来種的移入

一方，ヨーロッパ，南北アメリカ，オセアニアを含め世界に広く拡散しているDOM型のハプロタイプは，いまや外来種的移入の大きな供給源となっている．日本においてはどのような状況であろうか．

釧路，共和町（北海道），厚木でみられ，そのハプロタイプは1 Mb以上の染色体断片であることが判明している（Nunome *et al.*, 2010）．浸透交雑の時期は，たとえば数十年前程度のかなり最近の事象である．まさに遺伝子汚染とよぶにふさわしい状況である．現在，日本産ハツカネズミは，全国のいたるところで新規に移入された外来系統によって，遺伝子汚染が多かれ少なかれ進んでいることが示唆される．

以上みてきたように，核遺伝子のハプロタイプの構造を調査することで，数十年前から数万年前までさまざまな時期に生じた浸透交雑の状況把握を行うことが可能となる．野生ハツカネズミ集団の遺伝的背景というのは時代とともに，変容していくものであることが理解できる．今後，ハイブリッド形成に焦点をおいた野生集団の遺伝的調査を続けていくことが必要であろう．

9.7　先人たちからの「遺産」

ハツカネズミは，人類のユーラシア大陸における先史時代の分布拡大の歴史と農耕文明の地域ごとの発展の歴史に関して重要なヒントを与えてくれる存在である．とくに，日本人の先史時代の歴史を紐解くうえで，たいへん興味深い存在である．まだまだ解明すべき興味深い多くの謎が残されている．ハツカネズミ属がどのような地球規模の環境変動に帯同して種の多様化を図ってきたかについても，アジアの動物の多様化のメカニズムを理解するうえでも学術上の重要なアイテムとなっており，今後の歴史再構築が期待されている．

さらに，ハツカネズミは医学生物学上の重要なモデル生物でもあり，長い

進化過程のなかで培われた高い遺伝的多様性は，その意味で重要な価値をもつ．日本列島においても少なくとも2つの亜種系統が有史以前に流れ込んでおり，大きな多様性が具現されている．進化史の理解が進んだことで，種分化のメカニズムの解明も含めさまざまな観点における研究が進められており，その学術的価値はますます高まっている．たとえば，種分化や生殖隔離がどのような遺伝的制御のもとになされているかについて，ハツカネズミの遺伝的多様性を活用し，長く謎とされてきた責任遺伝子が特定されようとしている（Oka and Shiroishi, 2014）．

　日本においては，世界各地から収集された野生ハツカネズミの貴重なDNAおよび剥製標本が存在することも強調しておきたい．これらの試料は森脇和郎，城石俊彦，米川博通，土屋公幸，宮下信泉，池田秀利らにより長年にわたって収集され，国立遺伝学研究所および理化学研究所バイオリソースセンターにおいて城石俊彦および阿部訓也らによって保管されている．また，日本産由来の純系系統（MSM/Ms）が育成され，その全ゲノム配列も解読されている（Takada et al., 2013）．さらには1本の染色体のみがMSM/Ms由来という実験用マウス系統のシリーズ，コンソミック系統も系統維持されており（Takada et al., 2008），遺伝的多様性の高さを活用した研究の環境は大いに整っている．

　最後に，ハツカネズミはゲノム情報の解明がもっとも開示されている生物種であり，集団の歴史を探る系統地理学的情報収集のための遺伝的解析ツールの開発を行ううえで絶好の対象種であることを再度強調しておきたい．今回，詳述し，その有用性を示すことができた「ハプロタイプ構造解析法」の今後のほかの生物種における活用を大いに期待しているところでもある．

引用文献

Avise, J. C. 2000. Phylogeography: The History and Formation of Species. Harvard University Press, Cambridge.
Ho, S. Y. W. and G. Larson. 2006. Molecular clocks: when timesare a-changin'. TRENDS in Genetics, 22：79-83.
Huang, X., N. Kurata, X. Wei, Z. X. Wang, A. Wang, Q. Zhao et al. 2012. A map of rice genome variation reveals the origin of cultivated rice. Nature, 490：497-501.
Khush, G. S. 1997. Origin dispersal cultivation and variation of rice. Plant Molec-

ular Biology, 35：25-34.

Kodama, S., M. Nunome, K. Moriwaki and H. Suzuki. 2015. Ancient onset of geographical divergence, interpopulation genetic exchange, and natural selection on the *Mc1r* coat-colour gene in the house mouse (*Mus musculus*). Biological Journal of the Linnean Society, 114：778-794.

桑山崇・布目三夫・鈴木仁．2012．組換現象に着目した集団ハプロタイプ構造解析法――分かれと出会いの系統地理学．タクサ，32：7-12.

Marshall, J. T. 1998. Identification and scientific names of Eurasian house mice and their European allies, subgenus *Mus* (Rodentia: Muridae). Unpublished report, National Museum of Natural History, Washington.

Nunome, M., C. Ishimori, K. Aplin, K. Tsuchiya, H. Yonekawa, K. Moriwaki and H. Suzuki. 2010. Detection of recombinant haplotypes in wild mice (*Mus musculus*) provides new insights into the origin of Japanese mice. Molecular Ecology, 19：2474-2489.

Oka, A. and T. Shiroishi. 2014. Regulatory divergence of X-linked genes and hybrid male sterility in mice. Genes & Genetic Systems, 89：99-108.

Shimada, T., K. P. Aplin and H. Suzuki. 2010. *Mus lepidoides* (Muridae, Rodentia) of Central Burma is a distinct species of potentially great evolutionary and biogeographic significance. Zoological Science, 27：449-459.

Suzuki, H., T. Shimada, M. Terashima, K. Tsuchiya and K. Aplin. 2004. Temporal, spatial, and ecological modes of evolution of Eurasian *Mus* based on mitochondrial and nuclear gene sequences. Molecular Phylogenetics and Evolution, 33：626-646.

Suzuki, H. and K. P. Aplin. 2012. Phylogeny and biogeography of the genus *Mus* in Eurasia. *In* (Macholán, M., S. J. E. Baird, P. Munclinger and J. Piálek, eds.) Evolution of the House Mouse (Cambridge studies in morphology and molecules) pp. 35-64. Cambridge University Press, Cambridge.

Suzuki, H., M. Nunome, G. Kinoshita, K. P. Aplin, P. Vogel, A. P. Kryukov, M. L. Jin, S. H. Han, I. Maryanto, K. Tsuchiya, H. Ikeda, T. Shiroishi, H. Yonekawa and K. Moriwaki. 2013. Evolutionary and dispersal history of Eurasian house mice *Mus musculus* clarified by more extensive geographic sampling of mitochondrial DNA. Heredity, 111：375-390.

Suzuki, H., L. V. Yakimenko, D. Usuda and L. V. Frisman. 2015a. Tracing the eastward dispersal of the house mouse, *Mus musculus*. Genes and Environment, 37：20. DOI：10.1186/s41021-015-0013-9

Suzuki, Y., M. Tomozawa, Y. Koizumi, K. Tsuchiya and H. Suzuki. 2015b. Estimating the molecular evolutionary rates of mitochondrial genes referring to Quaternary ice age events with inferred population expansions and dispersals in Japanese *Apodemus*. BMC Evolutionary Biology. (in press). DOI：10.1186/s12862-015-0463-5

Takada, T., A. Mita, A. Maeno, T. Sakai, H. Shirata, Y. Kikkawa, K. Moriwaki, H. Yonekawa and T. Shiroishi. 2008. Mouse inter-subspecific consomic strains for genetic dissection of quantitative complex traits. Genome Research, 18 : 500-508.

Takada, T., T. Ebata, H. Noguchi, T. M. Keane, D. J. Adams, T. Narita, I. T. Shin, H. Fujisawa, A. Toyoda, K. Abe, Y. Obata, Y. Sakaki, K. Moriwaki, A. Fujiyama, Y. Kohara and T. Shiroishi. 2013. The ancestor of extant Japanese fancy mice contributed to the mosaic genomes of classical inbred strains. Genome Research, 23 : 1329-1338.

Usuda, D. 2010. Genome-wide survey of geographic variation in Eurasian wild mice *Mus musculus*. A Thesis Presented to Graduate School of Environmental Earth Science, Hokkaido University, for the Master's Degree of Earth Environmental Science.

Yonekawa, H., K. Moriwaki, O. Gotoh, N. Miyashita, Y. Matsushima, L. M. Shi, W. S. Cho, X. L. Zhen and Y. Tagashiraet. 1988. Hybrid origin of Japanese mice '*Mus musculus molossinus*': evidence from restriction analysis of mitochondrial DNA. Molecular Biology and Evolution, 5 : 63-78.

Yonekawa, H., J. J. Sato, H. Suzuki and K. Moriwaki. 2012. Origin and genetic status of *Mus musculus molossinus*: a typical example for reticulate evolution in the genus *Mus*. *In* (Macholán, M., S. J. E. Baird, P. Munclinger and J. Piálek, eds.) Evolution of the House Mouse (Cambridge studies in morphology and molecules) pp. 94-113. Cambridge University Press, Cambridge.

10

ネズミ類が媒介する感染症
人獣共通感染症からみたネズミとヒトのかかわり

新井 智

　齧歯目は，哺乳類のなかでももっとも多くの種が存在し，しかも多様な自然環境に順応し世界中に生息する．人獣共通感染症の多くはこれら小型哺乳類を自然宿主としており，宿主生物の生息域や生態に非常に密接に関連している．くわえて，ダニ，シラミなど媒介生物が感染症媒介に非常に重要で，ネズミから直接感染しなくても病原体の生存にネズミが重要な役割を果たす場合もある．そこで本章では，直接ヒト感染の原因にならなくとも齧歯類が媒介に重要な役割を果たす疾患について紹介し，人獣共通感染症からみたネズミとヒトとのかかわりについて考えてみたい．

10.1 ダニを介して感染する重要な疾患

　重症熱性血小板減少症候群ウイルス（SFTSV）は，2011年に中国で初めて原因不明の伝染性血小板減少症患者のなかから報告されたウイルスである（Yu *et al.*, 2011）．ヒトへの感染はマダニの刺咬によるが，マダニの成長に吸血対象のネズミが必須で，日本では中部以南に生息する野ネズミはSFTSVに対する抗体をもっている個体も多い．2013年以降，日本でも積極的な診断を行うことでヒトの症例が掘り起こされており，ウイルスが同定される以前から症例が発生していたと推測されている．本ウイルスは，もともとダニのなかで維持・継代されているウイルスと考えられており，アカネズミやヒメネズミなどの野ネズミがダニの宿主・吸血対象として重要な機能を示している．

　SFTSV同様にダニからヒトに感染するが，自然界で病原体が存在するの

にネズミが重要な機能を果たす感染症としてライム病ボレリア症（細菌），日本紅斑熱症（リケッチア・偏性細胞内寄生細菌），つつが虫病（オリエンティア・偏性細胞内寄生細菌），ヒトバベシア症（原虫）などがあげられる．リケッチアは，ダニに共生している非病原性リケッチアも多数確認されており，とくにヒトに病原性を示す種類を病原性リケッチアとしている．

一方，つつが虫病は，リケッチア科に分類される属の異なる *Orientia tsutsugamushi* が原因となっている．興味深いことに *O. tsutsugamushi* は株間の違いがきわめて小さいながら，病原性にかなりの違いがあることが報告されている．この遺伝子性状の相動性について，株間でなんらかの遺伝子組換えなどが発生している可能性があり（Arai et al., 2013b），病原性と媒介つつが虫との関連について解析が待たれている．

また，ダニで媒介される原虫疾患であるヒトバベシア症は，日本では，これまで1例しかヒト症例が確認されていないものの，野ネズミは高い確率でバベシア原虫を保有しており，一度感染すると持続感染し，長期に原虫を保有するため，野ネズミはヒトバベシア症の感染源として重要な機能を果たしている．最近，ヒトバベシア症のおもな原因原虫である *Babesia microti* とダニの関係について詳細な検討が行われ，*B. microti* がダニと共進化している可能性が示されている（Zamoto-Niikura et al., 2012）．

このように，ネズミから直接に感染することはないが，ダニを介してヒトに感染する疾患においても，人間にとってネズミ類は重要なかかわりをもっており，その保有調査などが重要である．また，ネズミの血液や尿など体液だけでなく，その体に寄生しているダニなど節足動物からも偶発的に感染する可能性もあるため，むやみに潰したりしないよう十分留意する必要がある．

10.2　ハンタウイルス

一方で，ネズミからヒトへ直接感染する疾患も多く知られている．腎症候性出血熱は，齧歯類を宿主とするハンタウイルスによって引き起こされる疾患で，ブニヤウイルス科（Bunyaviridae），ハンタウイルス属（*Hantavirus*）に分類されるマイナス鎖・1本鎖RNAの3分節ウイルスが原因である．多様な齧歯目が自然宿主となっている．自然宿主の齧歯目は，まったく症状を

図 10.1 代表的なハンタウイルスの分布．代表的なハンタウイルスの初めて確認された地点を示す．ウイルスの分布は自然宿主である齧歯類の生息地域に依存する．ウイルスによりヒトに引き起こす疾患が異なる．旧世界ハンタウイルスは腎症候性出血熱（HFRS, 致死率 0.1-10%）を引き起こし，新世界ハンタウイルスはハンタウイルス症候群（HPS, 致死率 20-40%）を引き起こす．

示さないものの尿や糞便，また唾液などにウイルスを排出する．ウイルスの種類とヒトの臨床症状が明確に分けることができ，ヨーロッパからユーラシアにかけて生息する齧歯類に感染するハンタウイルスを旧世界ハンタウイルス，南北アメリカ大陸に生息する齧歯類に感染するハンタウイルスを新世界ハンタウイルスと大別する（図 10.1）．旧世界ハンタウイルスは腎症候性出血熱の原因ウイルスとなり，新世界ハンタウイルスはハンタウイルス肺症候群の原因ウイルスとなる．ヒトへの感染は，これらの齧歯類の体液に汚染された埃などを吸入して感染する．また，ネズミによる咬傷などを介して感染した事例も報告されている．齧歯目に汚染された糞便や埃を介して感染するため，とくに齧歯目の糞便などで汚染された室内などの閉鎖空間での感染リスクが高いとされている．ヒト-ヒト感染は通常発生しないとされているものの，南米に生息する *Oligoryzomys longicaudatus* に感染しているアンデスウイルス（Andes virus）の患者において，患者の妻，准看護師，准看護師の夫，シーツなどの交換を担当した医療補助員などでヒト-ヒト感染が報告

されているため (Martinez-Valdebenito et al., 2014), 患者の体液などを介して直接伝播する可能性も否定できない.

　感染症法にもとづく患者発生状況の調査（感染症発生動向調査）が実施されている1998年12月28日以降2016年5月現在まで, 日本で腎症候性出血熱の患者の発生は確認されていない. 過去においては, 1960年代の大阪梅田で119名の感染者と2名の死亡, 1970-1984年の事例では, 実験目的で購入したラットを介して腎症候性出血熱の発生が報告されている. 実験動物を介した事例では, 1984年までに126名の患者と1名の死亡が確認されている. また, 1984-2000年にかけて港湾地区の齧歯類を対象に抗体調査を実施したところ抗体陽性検体を検出している. ロシアなどユーラシア大陸で発生している腎症候性出血熱の原因ウイルスときわめて近縁なハンタウイルスが北海道のエゾヤチネズミから分離されている (Sanada et al., 2012). 海外では, おもに中国, 韓国, ロシアおよびヨーロッパで患者報告されている. 中国では1986年に年間11万5804例の症例が報告され (Huang et al., 2012), その後減少し, 2012年は1万3308例の報告にとどまっている (Zhang et al., 2014). 韓国では, 2000年から2009年で210例, 2010年から2013年に14例が報告されている (Park and Cho, 2014).

　以前からハンタウイルスは, 自然宿主との関係が強いウイルスと考えられてきた. すなわち, 特定の宿主に対して特定のウイルス株が感染・検出されるのである. たとえばヤチネズミならヤチネズミを宿主としているプーマラウイルス (Puumala virus; PUUV) が感染しており, ウイルスと宿主がそれぞれ1対1の関係にあると考えられてきた. 近年, 齧歯類だけでなく, トガリネズミ科動物 (Arai et al., 2007), モグラ科動物 (Kang et al., 2009), 翼手目 (Sumibcay et al., 2012; Arai et al., 2013a) にもハンタウイルス感染が明らかになってきたが, 特定の宿主に対して特定のウイルスが感染している特徴は, 科や目のレベルで宿主が変わっても維持されており, ハンタウイルスにおいてかなり普遍的に維持されている特徴のようである (図10.2). ハンタウイルスの特定宿主に決まったウイルスが感染している特徴から, ハンタウイルスは宿主と共進化していることが示唆されている (Bennett et al., 2014). さらに興味深い特徴として, 系統解析上トガリネズミ科動物のウイルスに分類されるウイルスがモグラ科動物から検出されたり, アメリカ

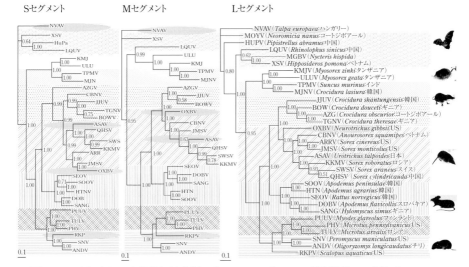

図 10.2 それぞれの分節遺伝子を用いたハンタウイルスの系統関係．3分節（S, M, L セグメント）ウイルスであるハンタウイルスのそれぞれの分節遺伝子を用いた分子系統を示す．右側には，それぞれのウイルスの自然宿主を示す．通常分節ウイルスは，リアソータントが発生するため各セグメントの系統関係が相関しない．しかし，ハンタウイルスは相関する．モグラ科由来ウイルスは宿主転換したウイルスと考えられているが，興味深いことに宿主転換したウイルスであっても分節間の系統関係が相関する．イラストは上から翼手目由来，モリジネズミ亜科由来，ジネズミ亜科由来，トガリネズミ亜科由来，ネズミ亜科・ハタネズミ亜科由来，アメリカネズミ亜科・ウッドラット亜科のウイルスを示す．灰色楕円はモグラ亜科由来ウイルスを示す．

ネズミ亜科やウッドラット亜科に感染しているウイルスに近縁なウイルスがモグラ科動物から検出されたりと，宿主転換と推測されるウイルスまで明らかになってきた（図10.3；Arai *et al.*, 2008；Kang *et al.*, 2009, 2011）．これらの宿主転換したウイルスは，異なった分節遺伝子であっても系統学上の関係は分節に関係なく普遍的な系統関係を示していることも明らかになっている．分節型ウイルスでは，それぞれの分節間で異なる系統関係を示す場合もあり，分節が異なっても系統関係が保存されているハンタウイルスの特徴は，分節型ウイルスでは非常にまれな性状である．インフルエンザウイルスのように分節型ウイルスでは，2種類の異なるウイルスが感染しているような条件では，それぞれの分節遺伝子が1つのウイルスにパッケージングされるときに2種類のウイルスから再集合されるため，分節の種類の異なるウイルス

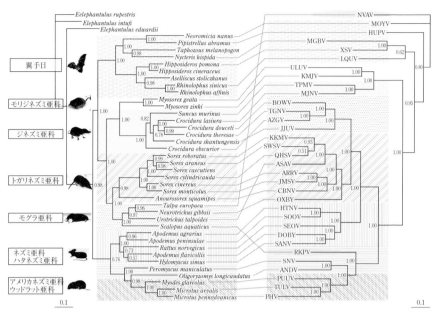

図 10.3　宿主 Cytb 遺伝子の系統樹.

が何通りも作成される可能性が示されている．このような現象はリアソートメントとして定義されており，リアソートメントしたウイルスをリアソータントとよぶ．インフルエンザウイルスだけでなく，クリミアコンゴ出血熱ウイルスやアレナウイルスなどでも報告があり，一般的に分節型ウイルスではリアソータントが出現することがめずらしくない．

ハンタウイルスのヒト感染では発熱から始まり，震え，頭痛，関節痛，吐き気，腹痛などの症状が報告されている．重篤な症例では，低血圧期に出血傾向が顕著になり，内臓出血が頻発する（出血熱症状）．おもに有熱期（3-6日），低血圧・ショック期（1-2日），乏尿期（3-5日），利尿期（1-2週），回復期（3-6週）に分けられる（Bi *et al.*, 2008）．潜伏期間は 2-3 週（報告では 4-42 日）とされている．CFR（case fatality rate）は原因ウイルスや治療環境など複数の要因によって変化するため一概に CFR を特定できないが，ウイルスの種類により数％から 15％ 程度とされる（表 10.1）．

南北アメリカ大陸に生息する齧歯類を宿主としたウイルスを起因とするハンタウイルス肺症候群は，致死率も高く，とくに注意が必要である．米国の

ヨセミテ国立公園では，2012年に観光客8名が感染し，3名が死亡する事例が確認されている．本事例では，国立公園内のテント村に宿泊した観光客が感染し，発症した．このような流行地域では，野ネズミ対策がきわめて重要で，住居の隙間などからの侵入対策など十分な対策をとることや，食料品が野ネズミの糞尿で汚染されないような対策が必要である．

10.3　リンパ球性脈絡髄膜炎

　ネズミから直接感染する疾患にリンパ球性脈絡髄膜炎が知られている．アレナウイルス科，アレナウイルス属のリンパ球性脈絡髄膜炎ウイルスによって引き起こされ，アレナウイルスもハンタウイルス同様，旧世界アレナウイルスと新世界アレナウイルスに大別され，リンパ球性脈絡髄膜炎ウイルスは前者に含まれる．自然宿主は野生ハツカネズミで，日本の野生ハツカネズミにも感染が確認されている（Borrow et al., 2010; 表10.2）．感染様式について，完全には明らかになっていないが，野生ハツカネズミの体液（尿や糞便）に汚染された埃などを介して感染すると考えられている．リンパ球性脈絡髄膜炎ウイルスは，自然宿主（ハツカネズミ）に感染すると症状を示すことなく持続感染する．垂直感染もしくは出産後早期に感染した個体は，感染が生涯にわたり持続し，尿や糞便中に持続的にウイルスを排出するため，これがヒトへの感染源となる．実験動物では，感染個体は臨床症状を示さないものの，実験動物取扱者の感染源となりうるため，実験動物へのウイルスの侵入がヒト感染の大きなリスクとなる．実験動物に感染が広がった場合には，摘発淘汰により排除することが必須である．

　ヒトの症状は，軽い感冒様症状から急性全身性感染まで多様で，重篤な症例はまれである．通常，健常者における感染よりも免疫抑制状態の集団における感染リスクが高いとされている．とくに臓器移植においては，ドナーから臓器を介して感染し，死亡事例が報告されている（Barton, 2006）．潜伏期間は6-13日で，インフルエンザ様症状を呈し，熱，倦怠感，鼻風邪様症状，筋肉痛，気管支炎などの症状が報告されている．

　一方，細菌感染症の1つであるレプトスピラ症は，スピロヘータ目，レプトスピラ科，レプトスピラ属に属するグラム陰性好気性細菌を原因とする疾

表 10.1 おもなハンタウイルスの分布地域および自然宿主.

ウイルス	短縮表記	ウイルスの地理分布
Old World (旧世界)		
Hantaan	HTNV	中国, 韓国, ロシア
Seoul	SEOV	世界中
Puumala	PUUV	スカンジナビア半島, 西部ヨーロッパ, ロシア
Dobrava-Belgrade	DOBV	バルカン半島
New World (新世界)		
Sin Nombre	SNV	North America (北米)
Choclo	CHOV	Panamá (パナマ)
Andes	ANDV	Argentina, Chile (アルゼンチン, チリ)
Laguna Negra	LANV	Argentina, Bolivia, Paraguay (アルゼンチン, ボリビア, パラグアイ)
Bayou	BAYV	Southeastern USA (米国南東部)
Black Creek Canal	BCCV	USA (米国)
Lechiguanas	LECV	Argentina (アルゼンチン)

HPS：ハンタウイルス肺症候群, HCPS：ハンタウイルス心肺症候群, HFRS：腎症候率.

患で，顕微鏡で観察すると螺旋状の細長い縄状の形状を示し，先端がフック状に曲がっている特徴的な形状をしている．病原性レプトスピラは1菌種であるが，血清型（serovar）が多数報告されており，250以上の血清型が確認されている（Levett, 2015）．

おもな自然宿主は齧歯類や家畜などで，レプトスピラ菌に感染した齧歯類，ウシ，シカ，ブタ，ヒツジ，ウマなどの尿に汚染された土壌や河川から経口・経皮的に感染する．多様な動物が保菌動物になりうるが，日本では，沖縄本島や石垣島の河川でのアウトドア活動によって感染する事例が散発的に報告されている．

国内での発生状況は，感染症発生動向調査によるとレプトスピラは2003

自然宿主動物	疾患	CFR
セスジネズミ *Apodemus agrarius*	HFRS	5-0
クマネズミ，ドブネズミ *Rattus rattus, R. norvegicus*	HFRS	1-2
ヨーロッパヤチネズミ *Myodes glareolus*	HFRS/NE	0.1-0.4
キクビアカネズミ *Apodemus flavicellis*	HFRS	5-10
シカシロアシマウス *Peromyscus maniculatus*	HPS/HCPS	>40%
アカキコメネズミ *Oligoryzomys fulvescens*	HPS/HCPS	-21
オナガコメネズミ *Oligoryzomys longicaudatus*	HPS/HCPS	-35
ヨルマウス，ブラジルヨルマウス *Calomys laucha, C. callosus*	HPS/HCPS	5-15
サワコメネズミ *Oligoryzomys palustris*	HPS/HCPS	>40%
アカゲコトンラット *Sigmodon hispidus*	HPS/HCPS	>40%
アカキコメネズミ *Oligoryzomys flavesvens*	HPS/HCPS	8-40%

性出血熱，NE：流行性腎症，CFR（case fatarity rate）：致命

年より調査対象疾病に加えられ，2004-2013年では，16-43例が報告されている（http://www.nih.go.jp/niid/ja/survei/2085-idwr/ydata/5194-report-ja2013-20.html）．通常散発的に発生するのみであるが，災害などにより河川が氾濫することによって集団発生することが報告されている．近年では，観光ガイドやカヤックインストラクターなど河川と関連した発生が散発的に報告されている．沖縄県では，レプトスピラ症の感染リスクの高い地域に立て看板などを設置し，注意喚起している地域もある．自然宿主は齧歯類，家畜，イヌなど多様な哺乳類が腎臓に保菌し，尿中にレプトスピラ菌を排出する．とくに齧歯類は，通常無症状で加齢とともに保菌率が上昇し，一度感染すると生涯にわたり排菌するため，家畜などの感染源にもなり，「齧歯類→家畜

表 10.2 代表的なアレナウイルス.

ウイルス名	略記	宿主動物	分布	おもなヒト疾患
旧世界アレナウイルス				
Lymphocytic choriomeningitis virus	LCMV	*Mus domesticus*, *Mus musculus*	オーストラリアを除く全世界	リンパ球性脈絡髄膜炎
Dandenong virus	DANV	不明	不明	中枢神経疾患, 臓器移植者に認められた
Ippy virus	IPPYV	*Arvicanthus* spp.	中央アフリカ	
Kodoko virus	KODV	*Nannomys minutoides*	ギニア	
Lassa virus	LASV	*Mastomys* sp.	西アフリカ	ラッサ熱
Lujo virus	LUJV	不明	南アフリカ	出血熱
Mobala virus	MOBV	*Mastomys natalensis*	中央アフリカ	
Mopeia virus	MOPV	*Praomys* sp.	モザンビーク, ジンバブエ	
Morogoro virus	MORV	*Mastomys* sp.	タンザニア	
新世界アレナウイルス				
Whitewater arroyo virus	WWAV	*Neotoma albigula*	米国	出血熱
Junin virus	JUNV	*Calomys musculinus*	アルゼンチン	アルゼンチン出血熱

→ヒト」の感染ルートが推測されている.しかし,ネコはほとんど感染しない.潜伏期間は約10日(通常5-15日)で急性熱性疾患として発症する.感冒様症状のみで軽快する軽症型から,黄疸,出血,腎障害をともなう重症型まで多彩な症状を示す.発熱,悪寒,頭痛,筋痛,腹痛,結膜充血などを生じ,黄疸が出現したり出血傾向の増強も報告されている(Bharti *et al.*, 2003).嘔吐や下痢も発生頻度が高く,関節痛や乏尿や皮疹などを認めることもある.約10%で重篤な経過をたどる場合がある.レプトスピラ症の臨床診断は見逃しが起こりやすいが,臨床症状とともに,保菌動物の尿に汚染された水との接触の機会,流行地域への旅行歴などの疫学的背景が診断の手がかりとなる.

10.4 野兎病

細菌性感染症の1つである野兎病は,野兎病菌(*Francisella tularensis*)

による急性熱性疾患で，マダニなどの吸血性節足動物とウサギなどの野生動物の間で維持されている細菌性感染症である．ヒトへは，感染動物から直接あるいは間接的に接触することにより感染する．原因である *F. tularensis* はグラム陰性，非運動性，無芽胞の好気性の小短桿菌で，多形性を示す．宿主のマクロファージ内で増殖する細胞内寄生細菌である．野兎病菌は水や泥，死体中などで数週間は生存可能とされているが，熱に対しては弱く，55℃ 10分程度で容易に死滅する．原因となる野兎病菌は，少なくとも3亜種，*F. tularensis* subsp. *tularensis*, *F. tularensis* subsp. *holarctica*, *F. tularensis* subsp. *mediasiatica* に分類されている．*F. tularensis* subsp. *tularensis* はおもに北米に分布し，10個以下の菌で感染が成立する強毒型である．Type A あるいは subsp. *nearctica* ともよばれていた．*F. tularensis* subsp. *holarctica* はユーラシア大陸から北米にかけて広く分布し，日本にも分布する．病原性は弱く，感染による死亡例はきわめてまれである．Type B あるいは subsp. *palaearctica* とよばれていた．*F. tularensis* subsp. *mediasiatica* は中央アジアから旧ソ連の一部地域に分布し，病原性は強くない（Ellis *et al.*, 2002）．さらに北米に分布する別種 *F. novicida* を，その遺伝子配列の相同性から亜種とするよう提唱されており，細菌学者によっては *F. tularensis* subsp. *novicida* をすでに用いている（Organization, 2007）．感染は多くの場合，保菌動物の剥皮作業や肉の調理の際に，菌を含んだ血液や臓器に直接触れることにより感染している．さらに，マダニ類やアブ類などの吸血性節足動物による刺咬からの感染した例も報告されている．ペットに付着したマダニ除去の際に，虫体を潰して体液が目に飛び込んだり，指が汚染されることによるものもある．海外では感染動物との直接接触や吸血性節足動物の刺咬以外に，保菌野生齧歯類の排泄物や死体によって汚染された飲用水や食物による経口感染，また，死骸が紛れ込んだ干し草などの粉塵の吸入による呼吸器感染も報告されている．

日本で野兎病菌を発見した大原の過去の記述では，斃死した野兎を扱う者に感染者が多かった記述がある．ヒトからヒトへの感染はないとされているが，患者の潰瘍部からの浸出物などもヒトへの感染源となりうるので，注意が必要である．感染症発生動向調査事業（国が実施している感染症発生状況調査事業）では，2003年から2013年まで患者の報告はない．しかしながら，

表 10.3 野兎病菌の感染が確認されている動物種（WHO Guidelines on Turalemia, 2007 より改変）．

動 物 種	地 理 分 布
齧歯目	
マスクラット（*Ondatra zibethica*）	北米，ヨーロッパおよび北方アジア
ユーラシアハタネズミ（*Microtus arvalis*）	中央ヨーロッパ
ミズハタネズミ（*Arvicola terrestris*）	北，中央および東ヨーロッパ
ヨーロッパヤチネズミ（*Myodes glareolus*）	中央ヨーロッパ
ハツカネズミ（*Mus musculus*）	世界中
ネズミ（*Mus*; *Micromys*; *Apodemus* spp.）	世界中
レミング（*Lemmus* spp.）	アラスカ，北スカンジナビア
ラット（*Rattus* spp.）	世界中
ヤマネ（*Dryomys nitedula*）	中央，南および東ヨーロッパ
ヨーロッパビーバー（*Castor fiber*）	ヨーロッパ，北方アジア
アメリカンビーバー（*Castor canadensis*）	北 米
セスジネズミ（*Apodemus agrarius*）	東ヨーロッパ，アジア
ハムスター（*Cricetulus*; *Cricetus*; *Mesocricetus*; *Phodopus* spp.）	中央アジア
ウサギ目	
ワタオウサギ（*Sylvilagus* spp.）	北 米
ノウサギ（*Lepus* spp.）	世界中
ヤブノウサギ，オグロジャックウサギ，シロワキジャックウサギ	米国，カリフォルニア
トガリネズミ形目	
トガリネズミ（*Sorex* spp.）	北米，ヨーロッパおよび北方アジア
ハリネズミ（*Erinaceus* spp.）	ヨーロッパ，アジア
オオミミハリネズミ（*Hemiechinus* spp.）	地中海周辺，キプロス，アジア，東南アジアの一部
ミズトガリネズミ（*Neomys* spp.）	ヨーロッパ，アジア
モグラ（*Talpa* spp.）	ヨーロッパ，日本

　1924 年から 1994 年までの発生状況では，おもに東北地方を中心に 1300 名を超える患者の発生が確認されている．過去の発生事例からも少なくとも東北地方では常在が推測される．また，宿主はウサギだけでなく多様な生物の感染が報告されている（表 10.3）．日本におけるヒトへの感染の 90% 以上は，ノウサギとの接触によるものであるが，感染源や菌が分離された動物としてネコ，リス，ツキノワグマ，ヒミズ，ヤマドリ，カラス，キジ，一部のマダニ類などがあるため，野生動物を扱う場合には注意が必要である．

　潜伏期間は 3 日（1-14 日，まれに 2 週間から 1 カ月）で，通常，急性熱

性疾患を引き起こす．発症は，発熱，震え，筋肉痛，倦怠感，発汗，頭痛，関節痛などの感冒様の全身症状が認められる．野兎病菌の感染力はきわめて強く，目などの粘膜部分や皮膚の細かい傷はもとより，健康な皮膚からも侵入できるのが特徴である．皮膚から侵入した野兎病菌はその部位で増殖し，侵入部位に関連した所属リンパ節の腫脹，膿瘍化，潰瘍または疼痛を引き起こす．病原菌の侵入部位によってさまざまな臨床的病型を示す．わが国では90%以上がリンパ節腫脹をともなう例で，60%がリンパ節型，20%が潰瘍リンパ節型である．一方，米国では潰瘍リンパ節型が多い．また，各病型の経過中，3週目ごろに一過性に蕁麻疹様，多形浸出性紅斑などの多様な皮疹（野兎病疹）が現れることがある．

10.5　鼠咬症

野ネズミから直接感染する感染症には，野生動物に咬まれることによって感染する疾患も確認されている．鼠咬症（Rat-bite fever）は，*Streptobacillus moniliformis* および *Spirillum minus* によって引き起こされる症候群の総称である．どちらも齧歯目の口腔内に常在している．*S. moniliformis* は口腔内だけでなく尿にも排出される．そのため，ネズミに汚染された食品などによって経口的にも感染する．鼠咬症は世界中で報告があり，*S. moniliformis* において，過去に海外でネズミの尿に汚染された未滅菌の牛乳もしくは水から感染した集団感染が報告されている．*S. minus* は，1980年代にロンドンで捕獲されたラットの保有率は25%と報告されている．診断する場合は，*S. minus* の場合は病変部位の材料，血液，リンパ節などを暗視野もしくは位相差顕微鏡で観察し，特徴的な螺旋状菌を確認する．*S. minus* は人工培地では増殖しないため，菌を分離するためには実験動物に接種する必要がある．また，接種した動物の血液や腹水を顕微鏡で観察して，特徴的な螺旋状菌でも確認ができる．*S. moniliformis* は，血液寒天培地で増殖する．病変部位や血液を動物に接種するのと同時に，細菌培養も実施することで鑑別が可能である．最近では病変材料を用いてPCRによって診断することも可能となっている．*S. moniliformis* による症状は，潜伏期間1-4日（まれに10日ほど）とされている．咬傷部位の治癒後，発熱，頭痛，筋肉痛

表 10.4 鼠咬症の原因菌と臨床症状およびその特徴.疾患名は鼠咬症であるが,原因細菌はまったく異なり,口腔常在菌を起因とする疾患の総称である.

原　因	*Streptobacillus moniliformis*	*Spirillum minus*
性　状	好気性あるいは通性嫌気性のグラム陰性桿菌	グラム陰性,螺旋状菌で鞭毛を有する.発見当初 *Spirochaeta morsusmuris* と命名されたが,その *Spirillum minus* に改められた.
宿　主	とくにラット,マウス,リス,スナネズミ,フェレット,イヌ	ラット,マウス,ハムスター
潜伏期間	3-21 日(通常 7 日以内)	14-18 日
症　状	関節炎が頻発 リンパ節腫脹はまれ	関節炎はまれ リンパ節腫脹
発　疹	麻疹様,点状出血,手や足の裏,四肢	斑状でしばしば融合している.全身性に認められる

などを示し,発熱後 2 日程度で手や足に発疹が認められる場合が多い.多くの場合で関節痛をともなう.*S. minus* による症状は,潜伏期間が比較的長く 7-21 日(まれに 1 カ月程度)とされている.咬傷後,一度治癒してその後に潰瘍,痂皮がみられる場合がある.多くの場合で局所リンパ節が腫脹し,通常関節炎はみられない(表 10.4).

10.6 エルシニア症

　日本には,ペストの常在を示すようなデータはない.しかしながら,ペスト菌(*Yersinia pestis*)と同属の菌による感染症は報告されている.エルシニア症は *Y. enterocolitica* および *Y. pseudotuberculosis* による感染症の総称である.ヒトに対して病原性を有するエルシニア菌は *Y. enterocolitica*,*Y. pseudotuberculosis*(仮性結核菌)および *Y. pestis*(ペスト菌)である.*Yersinia* 属菌は,腸内細菌科に属しグラム陰性の桿菌で,25-30℃ が増殖適温で 4℃ でも発育できる.ヒトに病原性を示す *Y. enterocolitica* は,特定の生物型と血清型の組み合せに限られている.*Y. pseudotuberculosis* は O 抗原により 1-15 の血清型に型別され,さらに血清群 1, 2, 4, 5 は数亜群に分けられる.ヒトに病原性を示すのは 1a, 1b, 2a, 2b, 2c, 3, 4b, 5a, 5b, 6, 10 および 15 群が知られている.感染経路は,経口的に菌を摂取してしまうことによる.食品や水などを介して集団感染することが報告されている.ヒト

のエルシニア症は，おもに食中毒との関連で重要視されている．*Y. enterocolitica* および *Y. pseudotuberculosis* のどちらの菌においても集団発生事例も報告されている．とくに家畜や野生動物が保菌動物として重要視されており，ブタは高率に *Y. enterocolitica* を保有している．野生動物では，アカネズミやヒメネズミが *Y. pseudotuberculosis* や *Y. enterocolitica* を高率に保有していることが報告されている（Fukushima et al., 1990；Hayashidani et al., 1995）．*Y. pseudotuberculosis* は，ブタやヒツジが保菌動物として知られており，不顕性感染する．*Y. enterocolitica* 感染症における一般的な臨床症状は，発熱，下痢，腹痛など消化器症状である．まれに咽頭炎，心筋炎，髄膜炎，肝膿瘍，敗血症などの症状を示す．関節炎や結節性紅斑も観察される．潜伏期間は 2-5 日程度である．*Y. pseudotuberculosis* では発熱，腹痛，紅斑，下痢，嘔吐，悪寒，風邪様症状，苺舌，関節炎などが報告されている（Inoue et al., 1984）．

10.7　クリプトスポリジウム症

これまでウイルス感染症や細菌感染症について記載してきた．野ネズミはウイルスや細菌だけでなく寄生虫も保有しており，寄生虫疾患についても注意が必要である．クリプトスポリジウムはアピコンプレックス門に属する単細胞，真核生物の原虫で，ヒトへの感染はおもに *Cryptosporidium parvum* とされる．近年，DNA 解析によって *C. parvum* のなかに遺伝子型が存在することが明らかになり，ヒト型，ウシ型，トリ型，ネズミ型などが明らかになってきた．遺伝子型と宿主特異性が明瞭であることが報告されており，遺伝子型 1 とされていたタイプは *C. hominis*，イヌ遺伝子型を *C. canis* と独立種として提案されている（表 10.5；Xiao et al., 2004）．HIV など免疫抑制状態の集団に鳥類のクリプトスポリジウムである *C. baileyi* などが感染することも報告されている．寄生部位により胃寄生性と腸管寄生性に大別され，胃寄生性のほうがオーシストが大きい．ヒトのクリプトスポリジウム症のおもな原因原虫は，おもに *C. parvum* のウシ型およびヒト型（*C. hominis* を含む）である．とくに *C. parvum* のウシ型は，多様な哺乳類に寄生するため感染源として問題が大きい．感染経路はオーシストを経口的に摂取するこ

表 10.5 クリプトスポリジウムとその保有宿主．クリプトスポリジウムは形態学的に区別がつかない場合も多く，近年は DNA 解析により遺伝子型で分類されている．一般的に宿主特異性が高いが，HIV 患者のような免疫抑制状態のヒトからまれな原虫が確認される場合もある．寄生部位により胃寄生性と腸管寄生性に大別される．

種	おもな宿主	まれな宿主
腸管寄生性		
C. hominis	ヒト，サル	ジュゴン，ヒツジ
C. parvum	ウシ，ヒツジ，ヤギ，ヒト	シカ，マウス，ブタ
C. canis	イヌ	ヒト
C. felis	ネコ	ヒト，ウシ
C. wrairi	モルモット	
C. baileyi	ニワトリ，シチメンチョウ	オカメインコ，ウズラ，ダチョウ，カモ，アヒル
C. meleagridis	シチメンチョウ，ヒト	
C. saurophilum	トカゲ類	ヘビ類
胃寄生性		
C. muris	齧歯類，フタコブラクダ	ヒト，シロイワヤギ，ケープハイラックス
C. andersoni	ウシ，フタコブラクダ	ヒツジ
C. galli	フィンチ類，ニワトリ，ヨーロッパオオライチョウ	
C. serpentis	ヘビ，トカゲ類	
C. molnari	魚類	

とで感染する．C. parvum に感染したウシやヒトは大量のオーシストを排出するため，感染源となりうる．とくに上水の取水系河川を汚染した場合には，大きな集団感染の原因になりうる可能性がある．クリプトスポリジウムは多くの消毒薬に耐性を示すため消毒がむずかしい．消毒方法としては沸騰消毒がもっとも効果的である．通常，症状は 1-2 週間程度で治まる．回復後，2-3 週間オーシストを排出することがあり，一般に成人よりも小児のほうが症状が重く再感染も報告されており，初感染のほうが再感染よりも症状が重い．免疫抑制状態の者では，症状が長引くことが知られており，慢性的な下痢症状で体力を消失し致死的な経過をたどる場合がある．

ヒトとネズミのかかわりは非常に長い歴史が知られている．とくに人獣共通感染症の分野では，細菌性，ウイルス性，寄生虫性疾患など多くの感染症にネズミが直接もしくは間接的に関与してきており，感染症の伝播様式や感

染症がどのように環境中で維持されているのかを理解するうえで，ネズミの生態を熟知することがきわめて重要である．感染症によっては，ネズミに対して疾患を引き起こさないものの，ヒトが感染するときわめて重篤な経過をたどる感染症も少なくない．しかも，そのウイルスや細菌は，ネズミと長い期間共存し，地域ごとに遺伝的に分化し，その遺伝的多様性が疾患の重篤度にまで影響を与えている．また，ウイルスによっては，エルニーニョなど気候変動により宿主のネズミが増加することで流行地域を拡大していると推測されているウイルスも存在する．患者が発生することで感染症の存在を認識することが可能となるが，真の対策を考えるには，ヒト症例の発生状況だけでなく，自然宿主や中間宿主の生態，媒介動物の種類や機能などの総合的な知識が求められる．これら多様な研究や他分野の研究者との協力があって，初めて効果的な対策が立案，実施できると考える．

引用文献

Arai, S., J. W. Song, L. Sumibcay, S. N. Bennett, V. R. Nerurkar, C. Parmenter, J. A. Cook, T. L. Yates and R. Yanagihara. 2007. Hantavirus in northern short-tailed shrew, United States. Emerging Infect Diseases, 13：1420-1423.

Arai, S., S. D. Ohdachi, M. Asakawa, H. J. Kang, G. Mocz, J. Arikawa, N. Okabe and R. Yanagihara. 2008. Molecular phylogeny of a newfound hantavirus in the Japanese shrew mole (*Urotrichus talpoides*). Proceedings of the National Academy of Sciences of the United States of America, 105：16296-16301.

Arai, S., S. T. Nguyen, B. Boldgiv, D. Fukui, K. Araki, C. N. Dang, S. D. Ohdachi, N. X. Nguyen, T. D. Pham, B. Boldbaatar, H. Satoh, Y. Yoshikawa, S. Morikawa, K. Tanaka-Taya, R. Yanagihara and K. Oishi. 2013a. Novel bat-borne hantavirus, Vietnam. Emerging Infect Diseases, 19：1159-1161.

Arai, S., K. Tabara, N. Yamamoto, H. Fujita, A. Itagaki, M. Kon, H. Satoh, K. Araki, K. Tanaka-Taya, N. Takada, Y. Yoshikawa, C. Ishihara, N. Okabe and K. Oishi. 2013b. Molecular phylogenetic analysis of Orientia tsutsugamushi based on the groES and groEL genes. Vector-Borne and Zoonotic Diseases, 13：825-829.

Barton, L. L. 2006. LCMV transmission by organ transplantation. The New England Journal of Medicine, 355：1737; author reply 1737-1738.

Bennett, S. N., S. H. Gu, H. J. Kang, S. Arai and R. Yanagihara. 2014. Reconstructing the evolutionary origins and phylogeography of hantaviruses. Trends in Microbiology, 22：473-482.

Bharti, A. R., J. E. Nally, J. N. Ricaldi, M. A. Matthias, M. M. Diaz, M. A. Lovett, P. N. Levett, R. H. Gilman, M. R. Willig, E. Gotuzzo, J. M. Vinetz and C. Pe-

ru-United States Leptospirosis. 2003. Leptospirosis: a zoonotic disease of global importance. The Lancet Infectious Diseases, 3：757-771.
Bi, Z., P. B. Formenty and C. E. Roth. 2008. Hantavirus infection: a review and global update. Journal of Infection in Developing Countries, 2：3-23.
Borrow, P., L. Martinez-Sobrido and J. C. de la Torre. 2010. Inhibition of the type I interferon antiviral response during arenavirus infection. Viruses, 2：2443-2480.
Ellis, J., P. C. Oyston, M. Green and R. W. Titball. 2002. Tularemia. Clinical Microbiology Reviews, 15：631-646.
Fukushima, H., M. Gomyoda and S. Kaneko. 1990. Mice and moles inhabiting mountainous areas of Shimane Peninsula as sources of infection with Yersinia pseudotuberculosis. Journal of Clinical Microbiology, 28：2448-2455.
Hayashidani, H., Y. Ohtomo, Y. Toyokawa, M. Saito, K. Kaneko, J. Kosuge, M. Kato, M. Ogawa and G. Kapperud. 1995. Potential sources of sporadic human infection with Yersinia enterocolitica serovar O: 8 in Aomori Prefecture, Japan. Journal of Clinical Microbiology, 33：1253-1257.
Huang, X., H. Yin, L. Yan, X. Wang and S. Wang. 2012. Epidemiologic characteristics of haemorrhagic fever with renal syndrome in Mainland China from 2006 to 2010. Western Pacific Surveillance and Response Journal, 3：12-18.
Inoue, M., H. Nakashima, O. Ueba, T. Ishida, H. Date, S. Kobashi, K. Takagi, T. Nishu and M. Tsubokura. 1984. Community outbreak of *Yersinia pseudotuberculosis*. Microbiology and Immunology, 28：883-891.
Kang, H. J., S. N. Bennett, L. Sumibcay, S. Arai, A. G. Hope, G. Mocz, J.-W. Song, J. A. Cook and R. Yanagihara. 2009. Evolutionary insights from a genetically divergent hantavirus harbored by the European common mole (*Talpa europaea*). PLoS One, 4：e6149.
Kang, H. J., S. N. Bennett, A. G. Hope, J. A. Cook and R. Yanagihara. 2011. Shared ancestry between a newfound mole-borne hantavirus and hantaviruses harbored by cricetid rodents. Journal of Virology, 85：7496-7503.
Levett, P. N. 2015. Systematics of leptospiraceae. Current Topics in Microbiology and Immunology, 387：11-20.
Martinez-Valdebenito, C., M. Calvo, C. Vial, R. Mansilla, C. Marco, R. E. Palma, P. A. Vial, F. Valdivieso, G. Mertz and M. Ferres. 2014. Person-to-person household and nosocomial transmission of andes hantavirus, Southern Chile, 2011. Emerging Infectious Diseases, 20：1629-1636.
Park, S. and E. Cho. 2014. National infectious diseases surveillance data of South Korea. Epidemiology and Health, 36：e2014030.
Sanada, T., T. Seto, Y. Ozaki, N. Saasa, K. Yoshimatsu, J. Arikawa, K. Yoshii and H. Kariwa. 2012. Isolation of Hokkaido virus, genus Hantavirus, using a newly established cell line derived from the kidney of the grey red-backed vole (*Myodes rufocanus bedfordiae*). The Journal of General Virology, 93：2237-2246.

Sumibcay, L., B. Kadjo, S. H. Gu, H. J. Kang, B. K. Lim, J. A. Cook, J. W. Song and R. Yanagihara. 2012. Divergent lineage of a novel hantavirus in the banana pipistrelle (*Neoromicia nanus*) in Cote d'Ivoire. Virology Journal, 9 : 34.

WHO, 2007. WHO Guidelines on Tularemia. France.

Xiao, L., R. Fayer, U. Ryan and S. J. Upton. 2004. Cryptosporidium taxonomy: recent advances and implications for public health. Clinical Microbiology Reviews, 17 : 72-97.

Yu, X. J., M. F. Liang, S. Y. Zhang, Y. Liu, J. D. Li, Y. L. Sun, L. Zhang, Q. F. Zhang, V. L. Popov, C. Li, J. Qu, Q. Li, Y. P. Zhang, R. Hai, W. Wu, Q. Wang, F. X. Zhan, X. J. Wang, B. Kan, S. W. Wang, K. L. Wan, H. Q. Jing, J. X. Lu, W. W. Yin, H. Zhou, X. H. Guan, J. F. Liu, Z. Q. Bi, G. H. Liu, J. Ren, H. Wang, Z. Zhao, J. D. Song, J. R. He, T. Wan, J. S. Zhang, X. P. Fu, L. N. Sun, X. P. Dong, Z. J. Feng, W. Z. Yang, T. Hong, Y. Zhang, D. H. Walker, Y. Wang and D. X. Li. 2011. Fever with thrombocytopenia associated with a novel bunyavirus in China. The New England Journal of Medicine, 364 : 1523-1532.

Zamoto-Niikura, A., M. Tsuji, W. Qiang, M. Nakao, H. Hirata and C. Ishihara. 2012. Detection of two zoonotic Babesia microti lineages, the Hobetsu and U.S. lineages, in two sympatric tick species, *Ixodes ovatus* and *Ixodes persulcatus*, respectively, in Japan. Applied Environmental Microbiology, 78 : 3424-3430.

Zhang, S., S. Wang, W. Yin, M. Liang, J. Li, Q. Zhang, Z. Feng and D. Li. 2014. Epidemic characteristics of hemorrhagic fever with renal syndrome in China, 2006-2012. BMC Infectious Diseases, 14 : 384.

終章
これからのネズミ研究
多様性進化の統合的理解に向けて

本川雅治

　日本におけるネズミ類の研究の大まかな歴史は序章で紹介した．また，各章でこれまでの研究成果とともに，今後の展望についても記されている．そこで終章ではこれからのネズミ研究について，もう少し一般化して考えてみる．日本のネズミ類についてさまざまな方面からの研究が行われてきたが，共通した問いかけは，日本のネズミ類の多様性がどのように進化し，そして生物多様性や生態系においてどのような役割を担っているか，という点に集約できるであろう．筆者がネズミ研究を始めた1991年当時はネズミ類の研究論文の多くが国内雑誌に発表されることが多く，また和文論文も少なくなかった．外国との共同研究もあまり行われていなかった．日本におけるネズミ研究のテーマの多くが国内に限定されていたが，同時に日本産ネズミ類に関する未解明の問題も多く残されていた．一方で海外，とくに地理的に近い中国，台湾，韓国，ロシアとの共同研究も模索され始め，国際共同研究によって日本のネズミ類が抱える学術的諸問題についても飛躍的に研究が進展するという期待があった．

　日本は海に囲まれていて6000を超える島嶼によって構成される島国である．島嶼として隔離されていることはネズミ類の種構成に大きな影響を与えただけでなく，同時に形態，遺伝，生態，生活史，個体群動態など，日本産ネズミ類各種の特徴を形成することに寄与したと考えられる．その一方で，そうした特徴のなかでなにが島嶼とかかわっているのかはじつはよくわかっていない．それを明らかにするためには大陸との比較を文献の上で，あるいは実際の調査や標本資料にもとづいて進めていくことが不可欠である．そして東アジア各国，とりわけユーラシア大陸に位置する中国，韓国，ロシアと

の関係が注目されてきたのである．こうした大陸と島嶼の比較研究はある程度成功したが，思ったほど単純でないこともわかってきた．よく考えてみるとあたりまえのことであるが，大陸というのは広大であり，島嶼に対する1つの概念としてとらえることは不可能である．地域によって種構成が異なるし，同じ種であっても形態，遺伝，生態などの諸特性に地理的な変異がみられるのである．大陸を代表する地域はないため，大陸から複数地域を選んで日本と比較研究することによって，初めて島嶼の特徴もみえてくるであろう．さらに考えてみると，こうした比較研究により大陸で共通してみられる特徴があるのかどうかについても，同時にみえてくることが期待される．そして，大陸から島嶼にかけて種構成から形態，遺伝，生態，生活史，個体群動態などの地理的特性について包括的な解明へとつながるに違いない．もちろん，より正確な理解には地域を広げて多国間の共同研究に展開する必要もあるだろう．

　筆者の考えであるが，こうした二国間あるいは多国間の国際共同研究は日本が主体的に行うことによって初めて成立し，そして島国である日本のネズミ類の特徴を解明することができるのではないだろうか．大陸に位置する日本以外の国の研究者にとって，自分たちとは直接にかかわりのない「島」への関心はきわめて低いからである．大陸各地で比較研究を行い，ネズミ類のさまざまな多様性を明らかにすれば，大陸の研究者にとっては十分であろう．このことから，大陸と島嶼を超越しながら包括的に理解することに関心をもっているのは島国である日本の研究者だけといってもよい．こうした論理は，分類学，系統地理学，生態学，形態学，古生物学などネズミ研究にかかわるさまざまな分野において共通しているのではないだろうか．

　インターネットの発達によって，さまざまな情報が国境を越えて流通するようになった．また国際共同研究の大きな障壁となっていた言葉の壁もなくなりつつある．日本やアジア各国で若手研究者の英語でのコミュニケーション能力が飛躍的に向上し，英語以外の言語で書かれていても電子化された文献は自動翻訳などで大まかな内容を瞬時に知ることができるようになったからである．筆者が学生のころまでは，国外研究者との簡単なやりとりをするのにも，国際郵便を使って往復で1カ月以上かかることが普通であった．一方で現在は国内外の共同研究者とインターネットによる電子メールや添付フ

ァイルを使って複雑な内容のやりとりが即時に可能となり，さらに高額な国際電話料金を気にせずに直接会話することも容易になった．このように，国際共同研究をめぐる情報流通の基盤整備は近年になって着実かつ急速に進展している．

　これからの日本のネズミ研究において重要なことは，日本そして国外における地道なフィールドワーク，そして国内・国外を問わず密接な研究者の交流を進めていくことではないかと考えている．研究を取り巻く環境が近年になって大きく変わり，短期間での成果が要求されるようになった．データや資料の収集のためにフィールドワークが必要で，それによって多くの時間を費やすネズミ研究者にとって不利なことは間違いない．しかしながら，ネズミ類を研究対象から外し，研究データの取得が容易な動物群だけを扱っていて，ほんとうに生物多様性を理解することができるのだろうか．筆者はネズミ研究も行われなくてはならないと思うし，同時に研究環境の改善を求めていくことが必要であると感じている．すでに国際共同研究の重要性は記したが，共同研究を一緒に進める適切なカウンターパートをみつけていくことができるかがもっとも重要なことである．一方で国外での研究密度については考慮する必要がある．日本のネズミ研究において，国外との比較が重要であることはもちろんであるが，さらに高い密度をもった精力的な研究が日本のネズミ類に求められる．

　日本に分布するネズミを対象に研究を進めるうえで，さらに2つのやり方に着眼することが重要である．1つは多様な幅広い種に対して研究可能な知見を得ていくこと，もう1つは特定の種に対して可能な限り広く深い知見を得ていくことである．この2つを同時に進めることによって，ネズミ類の多様性の進化および生物多様性と生態系における役割についてより深い理解が可能になるであろう．研究を広く深く進める研究対象は多様性研究のモデル動物ということもできる．野生，飼育下のそれぞれでさまざまな視点からの研究が行われることが期待される．本書の多くの章で紹介され，日本の広い地域のさまざまな環境に分布する日本固有種のアカネズミは多様性研究のモデル動物の候補種といえるだろう．

　日本哺乳類学会 2011 年宮崎大会の自由集会として「日本固有 *Apodemus*

の生態学と遺伝学」を，本書の執筆者でもある坂本信介さんと友澤森彦さんが企画した（坂本・友澤，2012）．その趣旨には「生態的・遺伝的特性に多角的に焦点を当てることで，モデル動物としての発展性や今後ますます発展を遂げるゲノム学と生態学がコラボレイトできる研究テーマについて考察することを目的とした」とあり，アカネズミとヒメネズミを対象に7つの話題提供が行われた．こうした多様性のモデル動物の精力的な研究を展開することにより，ほかの種についての研究も相乗効果をもって進められるであろう．こうして，日本産ネズミ類の研究が今後はより体系的に進められることが期待できる．その際に，日本におけるネズミ類研究者のネットワークや情報交換の機会がさらに重要になってくるであろう．上記の自由集会からは，若手研究者や大学院生がネズミ類研究に大きく貢献していることがよくみえた．多様性の研究には世代の連続性が重要であることから，日本のネズミ研究が健全な形で継承されていることを確認できた．もちろん，若手研究者の安定した研究職の確保などの課題は依然として深刻な状況である．

　多方面からの研究成果を結びつけ，これまでになかったコラボレイトによる新しい知見や統合的理解を進めるうえで，標本，データ資料，成果論文などのデータベース化と共有も重要である．日本産ネズミ類の研究については序章で紹介したように長い歴史があり，多くの成果が生み出されてきた．一方で，過去の研究成果が，新しい研究に十分に参照しきれていない現状もみられる．分類学で標本が研究後も適当な研究機関に保管される重要性は徐々に認識されるようになってきたが，生態学などの研究でもその証拠となる標本や資料は適切に保管されるべきである．同時に，それらの標本，データ資料，成果論文がデータベース化されることにより新しい研究を発展させるきっかけにつながることも期待される．こうした研究基盤となる情報をいかに集約し，研究者にとって使いやすいものとし，そして新たな研究へと結びつけていくか，こうした手法についての実証的研究も期待される．
　日本のネズミ研究が，各種の自然史を解明することを目指して行われてきたことはいうまでもないが，それは「日本のネズミ」研究ではなく日本の「ネズミ研究」であると確信している．いいかえると，日本に生息するネズミ類の各種の自然史知見を集積することにとどまらず，そこから世界に向け

て発信し，ネズミ研究において，より一般化できる研究へと，日本のネズミ研究が変容しつつある．論文をはじめとする日本における研究成果は，以前はおもに国内の研究者に対して発信されていたが，現在では世界の研究者に読まれ，そして活用されている．日本のネズミ研究が世界を舞台に展開される時代がすでに到来している．こうした視点からは，研究地域として日本と密接にかかわるアジアはもちろんのこと，欧米諸国をはじめとする世界の研究者との国際共同研究の実施も今後さらにさかんになっていくであろう．そこでは若手のネズミ研究者が大いに活躍し，新しいネズミ研究のステージを切り拓いていくことが期待される．

引用文献

坂本信介・友澤森彦．2012．2011年度大会自由集会記録．日本固有 *Apodemus* の生態学と遺伝学．哺乳類科学，52：136-138．

おわりに

　筆者がネズミ類と初めて出会ったのは，1991年の京都大学理学部3回生のときに受講した生物学実習である．京都の桂川河川敷でハタネズミを中心としたネズミ類（ほかにアカネズミ，ハツカネズミ）の生態調査を行うもので，村上興正さんが担当した．それをきっかけに筆者はネズミ類に強い関心をもつようになり，研究手法を習得しながら，同じ場所で引き続き卒業研究を行った．電波発信機や糸巻き法を使って地下の坑道系を利用するハタネズミの行動圏を明らかにしながら，最後に地下坑道系を掘り返してその構造を調べ，卒業研究としてまとめた（本川ほか，1996）．その際に，筆者はネズミ類の個体群生態学に関する多くの論文を読むことになったが，北米やヨーロッパでの研究がさかんであるのに対して，正直なところ日本のネズミ研究が大きく遅れているのではないかとの印象をもった．

　京都大学理学研究科の大学院に1993年4月に入学し，系統分類学に研究テーマを変更し，ネズミ類よりもトガリネズミ形類（モグラやトガリネズミ）の研究の割合が大きくなったが，それでもネズミ類の標本収集と研究は継続していた．ちょうど分子系統学の手法が日本産野ネズミ類に適用され始めたころで，それによってさまざまな新しい知見が生み出されていったときと重なる．序章で日本のネズミ研究を紹介しているが，そこにも記したように東海大学出版会から『日本の哺乳類』（阿部，1994）が出版されたのが1994年12月，つまり筆者にとっては修士課程が終わりに近づいたころである．筆者の修士課程の2年間を振り返ると，直接の研究テーマはさておき，「日本に何種のネズミ類がいるのか？」がわからず，片っ端から文献を集めるのが重要なサイドワークとなっていた．いまではその名前すら知らない人も多いだろうが，スミスネズミと同じとされる「カゲネズミ」とか，ヤチネズミの個体群とされる「ワカヤマヤチネズミ」とか，アカネズミに関連して「シマアカネズミ」のそれぞれが「独立した種であるのか？」といった問題に真剣に悩み，けっきょく答えが出せずにいたことを思い出す．当時の指導

教員だった田隅本生さんは比較形態学が専門だったので，筆者に対してはよい意味での放任であった．また当時は助手で，後に筆者の博士論文の主査になる疋田努さんは爬虫類学が専門であったのでネズミ研究について直接に教わることはほとんどなかったが，「直接の研究テーマにこだわらずにネズミをはじめ小型哺乳類のことはなんでも興味をもって取り組め」といつもいわれた．それにしたがって大学院生のときに筆者は主体的に自由に研究を進めるなかで，ネズミ研究者になっていたのである．なので，大学院生なのに態度の大きい研究者とみられていたかもしれない．

ネズミについてのさまざまな知見は，文献のほか，日本哺乳類学会などに参加し，ほかの研究者と交流を進めるなかでより多くのことを得たように記憶している．自分よりも上の世代としては『日本の哺乳類』を執筆した阿部永さんや金子之史さんから実際の研究内容について議論をしながらいろいろなことを学んでいった記憶がある．一方で自分と同じくらいの世代とは，より強烈に意見をたたかわせたことを思い出す．

最近では大学院生をはじめとする若い世代の研究環境が大きく変わってきた．なるべく短期間に，インパクトのある学術論文を出版することが要求されている現状がある．筆者が指導する大学院生に対して自由に研究をさせたとすれば，指導者として無責任といわれるであろう．したがって，大学院生は指導教員が興味を共有できるテーマについて共同しながら研究を行うことが一般的になった．そうであっても，研究内容について大学院生が自分でよく考え，独自性をみせていくことが重要であると考えている．さて，20年ほど前には予想もできなかったことであるが，『日本の哺乳類』(阿部，1994) にとどまらず，英語で書かれた "Wild Mammals of Japan" (Ohdachi et al., 2009) が出版され，ネズミ類に関する充実した基本情報が利用可能な形でまとめられ，それらが国際的に共有されていることはすばらしい．またインターネットが発達し，さまざまなことが以前よりも短時間で効率的に進められるようになった．筆者が大学院生だったころに比べると研究がスピード感をもって，飛躍的に進展していることは確かである．

では，いまのネズミ研究にとってもっとも重要なことはなんだろうか．筆者は，フィールドワークなどによって新たなデータを取得していくことではないかと思っている．筆者の研究は実習がきっかけで，フィールドから始ま

り，それから文献調査などにも取り組むようになった．頭のなかで考えることはもちろん重要であるが，まず調査を始めてみることも必要なのかもしれない．以前に『日本の哺乳類学①小型哺乳類』(本川, 2008) のあとがきでフィールドワークが衰退するのではないかと心配したが，いまにして思えばそれはまったくの杞憂であった．ネズミ研究の興味深いテーマはまだまだ山積している．これまでの研究に対する十分な認識をもとに，柔軟な発想力をもちながらフィールドワークを行っていくことで，大学院生のときから世界的にも注目されるおもしろい研究を展開していくことができるのではないだろうか．

　時代は変わり，ネズミ研究でも国際化が進んだ．でも，研究者どうしが意見をたたかわせ，交流していく姿は科学の原点としていつの時代も変わらないのではないだろうか．長年にわたって日本のネズミ研究の重要な舞台となってきた日本哺乳類学会が国境と世代を越えたネズミ研究者，そしてネズミ研究をこれから始めようとする学生が集い，情報交換を進める場として機能することが望まれる．

　本書が若い研究者や，これから研究者を目指す学生にとって，ネズミ研究の最前線の知見と，おもしろさを知るきっかけになることを期待したい．

　最後に，本書の出版の機会を与えてくださり，遅れがちな原稿執筆に対して励ましていただいた東京大学出版会編集部の光明義文さんに感謝する．

本川雅治

引用文献
阿部永（監修）. 1994. 日本の哺乳類. 東海大学出版会, 東京.
本川雅治（編）. 2008. 日本の哺乳類学①小型哺乳類. 東京大学出版会, 東京.
本川雅治・恩地実・村上興正. 1996. ニホンハタネズミ *Microtus montebelli* の坑道系利用. 哺乳類科学, 35：135-141.
Ohdachi, S. D., Y. Ishibashi, M. A. Iwasa and T. Saitoh (eds). 2009. The Wild Mammals of Japan. Shoukadoh, Kyoto.

事項索引

ア 行

アウトブレッド　153
青木文一郎　15
アミノ酸変異　101, 103
飯島魁　15
一斉放散　196, 201
一般化加法モデル　123
遺伝子移入　202
遺伝子汚染　202, 203
遺伝子浸透　80, 201
遺伝子流動　92, 98, 101-104
遺伝的交流　199
遺伝的集団　95
遺伝的多様性　29, 33, 36, 101, 102, 104, 162, 204, 223
遺伝的浮動　66, 74, 78, 98
遺伝的変異　93, 101, 187
移入種　3
今泉吉典　16
SPF　153
エルシニア症　220
オールドフィールド・トーマス　14

カ 行

海峡形成　25, 35-37, 39
外来種　180, 182
核遺伝子　88, 91, 191, 194, 199, 203
金子之史　17
カラブリアン期　45, 55
環境応答性　160, 165
環境評価研究　160
環境フィルタリング　39
環境変動　25, 35, 39
感染症発生動向調査事業　217
寒冷適応　145
幾何学的形態測定法　74
臼歯　50, 51, 53, 57, 58, 68
競争的排除　25, 37, 38
局所的資源競争　132
近交系　153
近赤外分光法　118
クリプトスポリジウム症　221
グルーミング　138
黒田長礼　15
群集生態学　25, 35, 37, 39
形態進化　81, 84
形態変異　65-67, 79, 82
系統地理学　25, 28, 29, 31, 32, 39, 88, 187
『原色日本哺乳類図鑑』　17
後足長　72, 74
行動圏　130, 133
国際共同研究　228
個体内頻度分布　114
コナラ堅果　115, 119, 123
固有種　3
コンラート・ヤコブ・テミンク　14

サ 行

採餌パッチ　116, 122
最終間氷期　90, 98
最終氷期　52, 57, 79
最適採餌理論　112
"The Wild Mammals of Japan"　17
CFR　212
ジェラシアン期　45, 55
自然選択　65, 101, 102, 104
自然分布　4

『実験医学序説』　152
実験医学領域　154, 160
実験動物　151-153, 163-165
シードトラップ　122
シャーマントラップ　137
集団　129
　　——遺伝構造　89
　　——拡大指標値　197
　　——史　88, 94, 95, 98, 104
種子サイズ　116, 124, 125
種選別　25, 37
出生後分散　130
小趾球　73
植物個体内変異　111, 113, 121, 126
人為繁殖　160
人獣共通感染症　207, 222
腎症候性出血熱　210
浸透交雑　202, 203
生態的制約　147
染色体　82, 171, 177, 199, 204
　　——変異　91, 92, 94
草原適応　195
創始者効果　101, 102, 104
鼠咬症　219

タ 行

胎仔影響評価方法　165
多回交尾　131
田中亮　16
タンニン　116
　　——含有率　117, 119, 120, 122-124
　　——酸当量　119
地域変異　104
貯食行動　116
地理的変異　66, 68, 70, 74, 94, 199
津軽海峡　5
つつが虫病　208
同所性　37
島嶼ルール　70, 83
動物と植物の相互作用　125
トカラ構造海峡　4
徳田御稔　15

ナ 行

波江元吉　15
二次的接触　202, 203
日本紅斑熱症　208
『日本産鼠科』　15
『日本産哺乳類目録』　15
『日本生物地理』　16
『日本動物誌（ファウナ・ヤポニカ）』　14
『日本の哺乳類』　17
日本哺乳動物学会　17
『日本哺乳動物図説』　17
日本哺乳類学会　17
日本列島　4
ネズミ研究グループ　17
農林業被害　16
野兎病　216

ハ 行

バイオリソース　155, 160, 165, 204
パッチ　112, 113, 125
ハドリング　138, 145
ハプロタイプ構造解析法　202, 204
繁殖試験　161
繁殖成功度　131
繁殖戦略　143
繁殖分散　130
PGSC　155
微生物統御　163
ヒトバベシア症　208
漂流分散　90
フィリップ・フランツ・フォン・シーボルト　14
フィロパトリィ（フィロパトリック）　129, 130, 132, 143, 145, 148
フェオメラニン　99
フォーム　66
父性　131
ブラキストン線　5, 95
ブランフォード公爵　14
分岐年代　25, 28, 29, 31, 33-35, 39
分散（移動分散）　130-132

事項索引　239

——距離　132
——の分割　119
子の——　142
雌の——　132, 133, 135, 137, 140, 143, 147
分子系統学　25, 27, 29, 34
分子時計　91
捕獲努力量　173
ボトルネック　163, 196
——効果　78
ホームランド　190, 191, 194, 198, 199

マ 行

間違った場合のリスク　123, 126
マングース防除事業　172, 178, 182
ミトコンドリア *Cytb* 遺伝子　72, 88, 92, 96, 197
ミトコンドリアDNA（mtDNA）　191, 194, 195, 201
メラノサイト　99
網状進化　194
毛色多型　96, 99, 101, 104
モデル動物　154, 157, 229

ヤ 行

ユーメラニン　99

ラ 行

ライデン博物館　14
ライム病ボレリア症　208
リアソータント　212
リアソートメント　212
リスク感応型採餌　112
リスク（ばらつき）回避的　112
リスク（ばらつき）受容的　113
琉球列島　4, 55, 60, 169, 180
リンパ球性脈絡髄膜炎　213
レプトスピラ症　213
レフュジア　29, 32, 35, 36
ロバートソン型融合　91

ワ 行

渡瀬庄三郎　5
渡瀬線　5
渡り　130

生物名索引

ア 行

アカネズミ　7, 28, 48, 65, 87, 115, 129
アカネズミ属　7, 28, 29, 87, 151, 169
アジアクマネズミ　9
アマミトゲネズミ　9, 55, 169, 172, 176, 177
アレナウイルス　212
アンデスウイルス　209
インフルエンザウイルス　211
エゾアカネズミ　66
オオシマアカネズミ　67
オカダトカゲ　102
オキアカネズミ　66
オキナワキネズミ　176
オキナワトゲネズミ　9, 55, 169, 174
オキナワハツカネズミ　10, 59

カ 行

カズサジカ　53
カヤネズミ　8, 28
カヤネズミ属　8, 31
カワネズミ　52
キタリス　38
キヌゲネズミ科　1, 27
キヌゲネズミ属　51
クマネズミ　9, 57, 59, 179
クマネズミ属　9
クリミアコンゴ出血熱ウイルス　212
齧歯目　1
ケナガネズミ　9, 55, 56, 169, 176-180
ケナガネズミ属　9
コナラ　115

サ 行

サドアカネズミ　66
シカシロアシマウス　103
シモダマイマイ　102
重症熱性血小板減少症候群ウイルス　207
シロハラネズミ属　59, 60
スミスネズミ　12, 32, 51
スミスネズミ属　12, 49
セグロアカネズミ　67
セスジネズミ　7, 28, 169

タ 行

タイリクヤチネズミ　11, 32, 49
ツシマアカネズミ　67
ツンドラハタネズミ　39, 68
トウヨウゾウ　44
トクノシマトゲネズミ　9, 55, 169, 175
トゲネズミ　55, 180
トゲネズミ属　9, 169
ドブネズミ　9, 58, 59
トロゴンテリゾウ　44

ナ 行

ナウマンゾウ　44
ニホンムカシハタネズミ　48, 52, 54
ニホンムカシヤチネズミ　49, 53
ニホンモグラジネズミ　53
ニホンモモンガ　53
ニホンリス　38
ネズミ亜科　28, 188
ネズミ科　1, 27

ハ行

ハイイロシロアシマウス 103
ハタネズミ 13, 32, 48, 52, 54, 84
ハタネズミ属 13, 34
ハツカネズミ 10, 59, 161, 187
ハツカネズミ亜属 189
ハツカネズミ属 10, 187
ハムスター 51
ハンタウイルス 208, 210
ハントウアカネズミ 7, 28
ヒミズ 94
ヒメネズミ 7, 28, 45, 53, 84
ヒメヤチネズミ 11, 32, 49
ビロードネズミ属 49
プーマラウイルス 210
ブランティオイデスハタネズミ 48
ポリネシアネズミ 9
ホンドアカネズミ 66

マ行

マウス 153, 154, 164
マスクラット 13
マスクラット属 13
ミズハタネズミ亜科 31, 52
ミヤケアカネズミ 67
ミヤコムカシネズミ 56, 57
ムクゲネズミ 11, 32, 49
ムササビ 53
モリレミング 51

ヤ行

ヤチネズミ 12, 32, 51
ヤチネズミ属 11, 32, 49
ユキウサギ 38
ユキヒメドリ 112
ヨシハタネズミ 56, 57

ラ行

ラット 153, 154
レミング類 51

執筆者一覧 (執筆順)

本川 雅治	(もとかわ・まさはる)	京都大学総合博物館
佐藤 淳	(さとう・じゅん)	福山大学生命工学部
西岡佑一郎	(にしおか・ゆういちろう)	早稲田大学高等研究所
新宅勇太	(しんたく・ゆうた)	京都大学野生動物研究センター／日本モンキーセンター
友澤森彦	(ともざわ・もりひこ)	北海道大学大学院環境科学院博士課程修了
島田卓哉	(しまだ・たくや)	森林総合研究所東北支所
坂本信介	(さかもと・しんすけ)	宮崎大学農学部
越本知大	(こしもと・ちひろ)	宮崎大学フロンティア科学実験総合センター
城ヶ原貴通	(じょうがはら・たかみち)	宮崎大学フロンティア科学実験総合センター
鈴木 仁	(すずき・ひとし)	北海道大学大学院地球環境科学研究院
新井 智	(あらい・さとる)	国立感染症研究所感染症疫学センター

編者略歴

本川雅治（もとかわ・まさはる）

1970 年　シドニーに生まれる．
1993 年　京都大学理学部卒業．
1997 年　京都大学大学院理学研究科博士課程中退．
現　在　京都大学総合博物館教授，理学博士．
専　門　哺乳類学・動物分類学・動物地理学．
主　著　『食虫類の自然史』（分担執筆，1998 年，比婆科学教育振興会）
　　　　『日本の動物はいつどこからきたのか』（分担執筆，2005 年，岩波書店）
　　　　『日本の哺乳類学①小型哺乳類』（編，2008 年，東京大学出版会）
　　　　ほか．

日本のネズミ——多様性と進化

2016 年 10 月 5 日　初　版

［検印廃止］

編　者　本川雅治

発行所　一般財団法人　東京大学出版会

代表者　古田元夫

153-0041　東京都目黒区駒場 4-5-29
電話 03-6407-1069　Fax 03-6407-1991
振替 00160-6-59964

印刷所　株式会社三秀舎
製本所　誠製本株式会社

© 2016 Masaharu Motokawa *et al.*
ISBN 978-4-13-060231-0　Printed in Japan

JCOPY　〈（社）出版者著作権管理機構 委託出版物〉
本書の無断複写は著作権法上での例外を除き禁じられています．複写される場合は，そのつど事前に，（社）出版者著作権管理機構（電話 03-3513-6969，FAX 03-3513-6979，e-mail : info@jcopy.or.jp）の許諾を得てください．

大泰司紀之・三浦慎悟[監修]

日本の哺乳類学

[全3巻] ●A5判上製カバー装／第1, 3巻320頁, 第2巻480頁
●第1, 3巻4400円, 第2巻5000円

第1巻	小型哺乳類	本川雅治[編]
第2巻	中大型哺乳類・霊長類	高槻成紀・山極寿一[編]
第3巻	水生哺乳類	加藤秀弘[編]

ネズミの分類学　金子之史[著]
生物地理学の視点　　　　　　　A5判・320頁/5000円

リスの生態学　田村典子[著]
　　　　　　　　　　　　　　　A5判・224頁/3800円

ニホンカモシカ　落合啓二[著]
行動と生態　　　　　　　　　　A5判・290頁/5300円

シカの生態誌　高槻成紀[著]
　　　　　　　　　　　　　　　A5判・496頁/7800円

ニホンカワウソ　安藤元一[著]
絶滅に学ぶ保全生物学　　　　　A5判・224頁/4400円

哺乳類の進化　遠藤秀紀[著]
　　　　　　　　　　　　　　　A5判・400頁/5400円

日本のクマ　坪田敏男・山﨑晃司[編]
ヒグマとツキノワグマの生物学　A5判・376頁/5800円

日本の外来哺乳類　山田文雄・池田透・小倉剛[編]
管理戦略と生態系保全　　　　　A5判・420頁/6200円

日本の犬　菊水健史・永澤美保・外池亜紀子・黒井眞器[著]
人とともに生きる　　　　　　　A5判・240頁/4200円

ここに表記された価格は本体価格です．ご購入の際には消費税が加算されますのでご了承ください．